鲜玩创意羊毛毡

12位台湾名师
给新手的入门挑战课

心鲜文化◎编

河南科学技术出版社
·郑州·

前言

任何季节，
都是缤纷的羊
毛毡季节

很多人不知道羊毛毡是什么，他们会说："我从来没看过羊毛毡的东西。"当他们认识了羊毛毡之后，却突然发现，羊毛毡早已悄悄融入我们的生活，以不同的形态出现在我们身边。可能是提袋、手机套、室内鞋，或者是发饰、玩偶、零钱包，羊毛毡不仅颜色多样，连样貌都变化多端。正因为羊毛的可塑性高，有越来越多的创作者投入这项手作；也因为入门简单、不容易失败，更多的人得以顺利学习这项手作。

羊毛似乎是冬天才会用到的材料，现在我们必须颠覆这旧观念。羊毛的用途极多，除了冬天常用的围巾、毛拖鞋、手套外，夏天依然可以利用这些色彩缤纷的羊毛制作手环、发饰、项链、吊饰、提袋等；最重要的是，羊毛毡使用的交叉铺法，能随心所欲变换不同风格的造型；作品不易变形、坚固耐用的特性，也非常适合制作生活中各式各样的实用小物。

羊毛触感柔软自然，手工制作后更是散发出一种不造作、质朴的气息。羊毛毡手作，让人感受到心灵平静的美好，进而感到满足与幸福。

这本书除了让更多人认识羊毛毡手作，也希望能够呈现更完整的羊毛毡作品。美丽的、可爱的、趣味的、实用的、创新的……每一种都是羊毛毡的无限可能。认识了羊毛毡，你就可以利用羊毛的多彩增添生活的色彩，也可以利用羊毛的高可塑性发挥创意，让生活变得更美丽。

在提倡节约、环保的今天，你只需运用巧思和双手，拿起带倒钩的戳针将羊毛团反复戳进、钩起，并利用颜色与层次表现不同的美感，你也能拥有造型独特又富质感的小物喔！

目 录

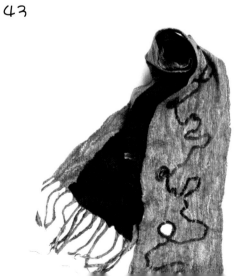

羊毛毡
新手必学的基本功法

想要学习新的东西时，通常最害怕的就是难度太高。但如果你想学的是羊毛毡，那就不用害怕了。因为一来羊毛毡是一项入门轻松、不易失败的手作；二来学习羊毛毡的基本方法，都将在这个部分巨细靡遗地介绍，就是要让你第一次就上手！所以，不要再犹豫了，赶快跟着一起练习，后面还有好多可爱有趣的羊毛毡作品等着我们呢！

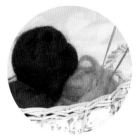

针毡基本功法

针毡是利用戳针上细小的倒钩，在戳刺羊毛时将羊毛钩起，造成羊毛的纠结。再利用戳刺的深浅以及戳刺次数的多寡达到塑形的目的，想要凹进去的地方就多戳几针，想要表面平整就要用浅针细细修整。虽然只是一根针和一团羊毛，但掌握到诀窍就能变化出各种羊毛毡作品。

> 和→表示行进的方向。 × 表示交叉的地方，要留意戳刺次数。

基本塑形

圆球塑形

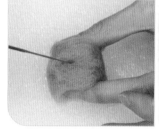

01 取一段羊毛，将羊毛卷起。

02 羊毛绕着中心包卷，但要将两边的羊毛都收进来，慢慢包卷成球状。

03 卷到尾端时，抓紧剩下的少量羊毛，避免散开，并尽快进行下一个固定的动作。

04 卷成球状后，用戳针先戳刺包卷的末端固定形状。

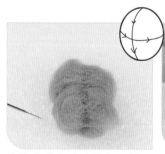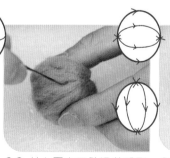

锥状塑形

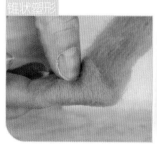

05 先水平方向戳刺一圈，再换垂直方向。

06 从上图交叉处沿着球形的等分经线与纬线戳刺（减少交叉处的戳刺次数以免变平）。

07 逐渐形成比较规范的球形后（图右），持续戳至毡化不变形才算完成（图左）。

01 取一段羊毛，将羊毛卷成三角锥形。

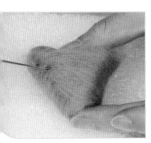

02 用戳针戳刺固定包卷的末端。

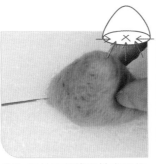

03 先从底部将戳针水平往中心戳刺，戳出底部的圆形。

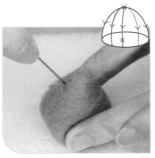

04 再由顶端往下顺着锥形侧面戳刺。

05 戳刺底部，均衡整体扎实度。

06 依照以上步骤反复戳刺，直到成为按压不变形的圆锥形。

直条塑形

01 取一段羊毛，先将羊毛沿纵向对折。

02 再从横向卷成直条状。

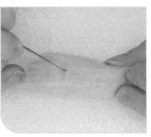

03 用戳针戳刺固定包卷的末端。

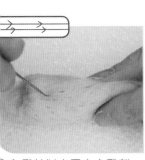

04 戳针以水平方向戳刺，并滚动羊毛控制戳刺范围。

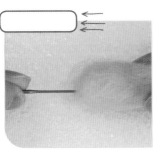

05 以平针入针戳刺直条的底部。

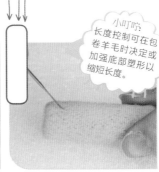

06 再直立直条戳刺，并重复戳刺的步骤，直到按压不变形。

小叮咛：长度控制可在包卷羊毛时决定或加强底部塑形以缩短长度。

不规则立体塑形

不规则立体塑形需从基本塑形入手，再加以调整。例如柠檬的分解图形是双尖的球形，因此先将羊毛塑形成球形，再从两边顶端顺着戳刺成形。

扁平形状塑形

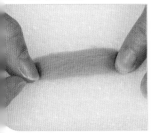

01 将羊毛卷成扁平状。

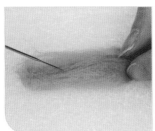

02 先固定包卷末端。

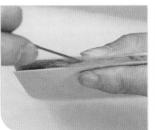

03 用瓦楞纸或厚纸板将羊毛夹在中间，用戳针修出形状轮廓。

04 再取出羊毛毡置于工作垫上，将平面戳刺扎实。

01 接合技巧指利用未毡化羊毛将两个物体接合。以锥形与直条的接合为例，可在直条外包卷一段羊毛，先将侧面的羊毛戳刺固定。

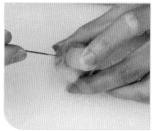

02 把未戳刺一端的羊毛戳刺到锥形中。

03 最后再做细部修整就完成了。

04 也可以在戳刺直条时，就如图所示刻意留一端不完全毡化，再直接把未毡化的羊毛戳刺到锥形中，便可以将两者接合。

装饰技巧

片状、点状

01 将羊毛先揉成片状或点状。

02 先往中间戳刺固定。

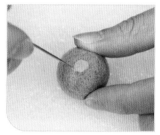

03 用戳针沿着片状或点状羊毛边缘将轮廓戳刺出来。

04 整体戳至毡化紧密就完成了。

线条

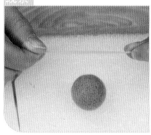

01 取少量羊毛，卷成线状。

02 先将一端刺入固定，一手拉着羊毛线，一手以戳针戳刺。

03 沿着图案的线条戳刺。

04 图案完成后剪掉羊毛。

05 再做细部修整即完成。

造型

01 利用特殊的造型工具，例如图中的字母框，可以让装饰更富变化。

02 将羊毛放进框中并戳刺。

03 即可戳出字母形状。

湿毡基本功法

湿毡是运用羊毛纤维遇水纠结的原理，让羊毛缩水、毡化、紧实。下面提到的纵向、横向交叉的羊毛铺法会让羊毛纤维缠得更加紧密，做出来的成品才不容易松散。什么情况下才算毡化完成呢？除了依照自己的成品需求做判断之外，通常会用羊毛缩水的程度来辨别毡化的程度，比如在开始做之前会把羊毛的尺寸放大 1.2～2 倍，这样羊毛遇水纠结后就会缩到理想范围内了。

基本塑形

圆球塑形

小叮咛：手势就像搓汤圆那样，搓球直到它变小毡化。搓球的重点在一开始施力轻柔，待羊毛球渐渐变硬时才可用力！

小叮咛：过程中若有缺口，可拉取周围的羊毛覆盖，再轻轻搓圆。

01 将羊毛卷成球状，加入肥皂水。

02 轻轻在手心画圈搓揉，当圆球慢慢变硬，力道可加重。

03 适时淋上温热肥皂水，帮助羊毛毡化。

04 搓揉的过程中可用手指调整形状。

05 也可以试试另一种有趣的做法。取一段羊毛，从中间剪断，放入圆形容器中。

06 加入肥皂水。

07 摇晃至羊毛成为圆球形。

08 塑形完成后，用清水洗净，并用毛巾拭干。

平面塑形 以 11 cm×11 cm 的杯垫为例，放大约 1.3 倍

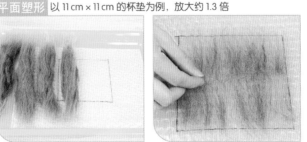

09 静置干燥。

01 在气泡纸上画出 14 cm×14 cm 的正方形，并将 10 g 羊毛均分成 4 份。

02 先取一份羊毛，拉出少许，以纵向平铺在正方形的格子中。

03 铺满后，再取另一份横向平铺。

04 将剩下的2份如前面做法先纵向再横向平铺。

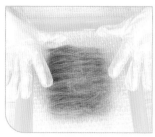

05 戴上塑料手套。

06 或用塑料袋绑上橡皮筋。

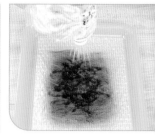

07 倒入温热的肥皂水。

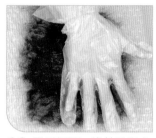

08 用手轻压，将羊毛完全浸湿。

09 将四边羊毛按气泡纸上的记号线折入。

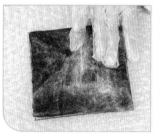

10 轻轻搓揉折入处，使其毡化附着于羊毛上。

11 过程中也可以加上网布，增加摩擦力。

12 接着以手指画圈从四周由外向内往中心搓揉。翻至反面，重复由外向内动作。

13 将羊毛搓揉至表面纤维黏附不被拉起。

14 以气泡纸包卷来回按压数十次。

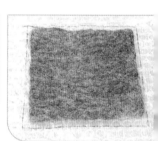

15 目标缩水至大约11 cm × 11 cm。

16 也可以依照气泡纸的大小稍微修剪。

17 修剪处要再用肥皂水搓揉毡化。

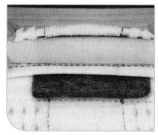

18 用清水将肥皂水冲净，并用毛巾及擀面杖压（卷）干羊毛片。

19 最后用熨斗整烫，使羊毛更加平整。

直条塑形

01 在气泡纸下面洒上一些水，这样气泡纸就不易移动。

02 取适量的羊毛，并将羊毛条拉开成平面状。

03 均匀洒上肥皂水，使肥皂水浸湿羊毛条。

04 由一端开始往前卷紧，两边尽量保持平衡，避免一高一低，卷成紧实的条状。

05 卷完后，开始在气泡纸上搓揉。

06 先将表面毡化。

小叮咛：羊毛条的毡化程度常常会因成品的功能性做调整。比如制作羊毛条围巾时，羊毛条的毡化程度需控制在松软的状态。而羊毛条用作包包的提手等时，则须将羊毛条毡化至硬实！

07 接着放到洗衣板上继续毡化，利用洗衣板的凹凸面，可节省毡化时间。

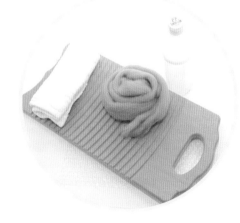

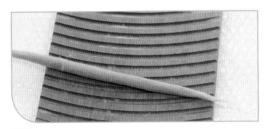

08 美丽的羊毛条就完成了！

袋状塑形
以 6 cm × 12 cm 为例，放大约 1.3 倍

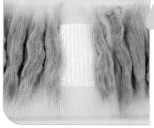

01 在气泡纸上画出 8 cm × 16 cm 的长方形（毡化前的尺寸），并准备相同尺寸的气泡纸纸型。

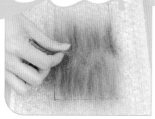

02 先将 16 g 羊毛分成八份。取一份羊毛，以纵向平铺在范围内。

03 再取另一份，横向平铺在范围内。

04 加入温热的肥皂水，将羊毛按压浸湿。

05 放上气泡纸。

06 将四周多出纸型的羊毛折入。

07 如图。

08 取两份羊毛重复步骤 02、03 后，整片翻面重复步骤 06。再将剩余的四份羊毛按步骤 02、03、06 的顺序进行。

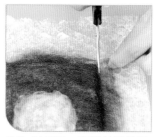

09 当最后一次铺羊毛并浸湿完成后，用剪刀将多余的羊毛修剪掉不再折入。

10 沿着修剪的四周轻轻搓揉，使修剪处毡化固定。

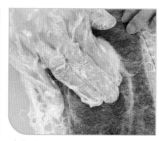

11 以手指画圈从四周由外向内往中心搓揉。

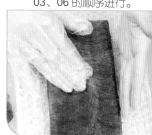

12 翻至反面以相同方法搓揉。

13 羊毛搓揉毡化至表面纤维黏附不被拉起后，用剪刀剪出开口。

14 将气泡纸取出。

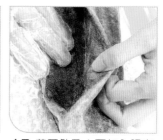

15 剪开处及内面加入肥皂水搓揉毡化。

16 用气泡纸包卷来回按压数十次，缩水至约 6 cm × 12 cm 即可。

17 用清水将肥皂水冲净，并用毛巾及擀面杖压（卷）干羊毛片。

18 用熨斗加以整烫。

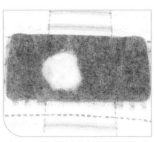

19 可依照这样的步骤做成各种袋状作品。

立体塑形

01 将羊毛等分，并用肥皂水浸湿。

02 均匀包卷泡沫塑料球。

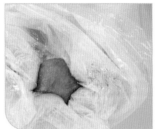

03 放入塑料袋（或手戴塑料手套）。加入温热的肥皂水，力道由轻到重搓揉，将羊毛纤维搓揉至完全黏附无法将纤维拉起。

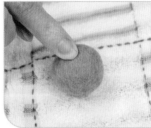

04 清水冲净肥皂水后，用毛巾拭干，静置晾干即可。

05 如果把泡沫塑料球换成其他形状的物体，就可以做出不同形状的羊毛毡，特别是制作大型作品时，可节省羊毛的使用喔。

装饰技巧

针毡装饰湿毡

01 取一段羊毛，搓成条状，固定在羊毛片上。

02 想要装饰成直线时，可用直尺加强。

03 把多余的羊毛剪掉，尾端做细部修整。

04 将羊毛揉成小片，放在直条边缘，作为叶片装饰。

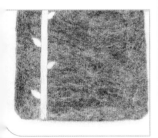

05 装饰完成。

湿毡装饰湿毡

01 搓揉羊毛前，取少许羊毛做成片状。

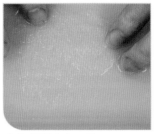

02 用肥皂水浸湿。

03 配置在欲装饰的位置。

04 先轻轻按压图案、搓揉固定，再进行整体的搓揉。

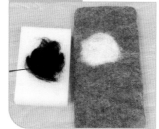

01 原本的袋状羊毛毡已经用湿毡装饰上白色片状，加上针毡时可以此图形为基础延伸。

小叮咛：
记得把泡绵垫放到袋内，才不会戳断针。

02 将黑色羊毛揉成片状，戳刺上去。

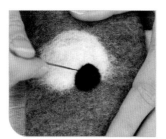

03 先固定中间，再做周围轮廓的调整。

04 加上耳朵。

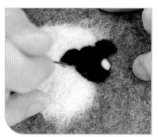

05 再加上眼睛与黑眼珠。

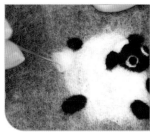

06 取一小片白色羊毛加上尾巴，可爱的黑脸羊完成啰。

07 在湿毡的时候先做部分的装饰，完成后再加上针毡，作品会更有层次感喔。

 番外篇
羊毛分量法

在制作湿毡的过程中，遇到铺毛的情况，老师常常会说把羊毛分成四份、八份……如果家里没有电子秤，要怎么分毛呢？这里教大家一个简便的方法。

01 用直尺量出整段羊毛的宽度。

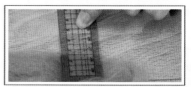

02 找出宽度的中心点。

03 从中心点把整段羊毛撕成两半。

04 量量看，撕开的其中一段羊毛是1.6g。

05 两段一起量是3.1g。

虽然不是"非常"精准，但是已经可以分出羊毛大概的量。想要分更多份的时候就重复此做法。是不是简单又实用呢？

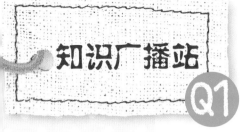

数据来源 / 裴西　资料整理 / 满天星

知识广播站

学羊毛毡不能不知道的 10 个 Q&A

Q1 市面上的羊毛种类那么多，要怎么挑选呢？

羊毛毡所用的羊毛材料主要分为新西兰羊毛与日本羊毛两个系列。新西兰羊毛质量稳定、价格便宜，色彩多亮丽，表现度高；日本羊毛则呈现朴实温润的日本色系，价格较高，但种类丰富、质感好。

什么样的羊毛适合什么样的做法并非绝对的，只要能够毡化的羊毛都能应用在湿毡或针毡上，羊毛的质量差别在于纤维的"长短"以及"粗细"，羊毛纤维越长越细，品质就越好。除了羊毛，其他动物的毛类也能应用，例如猫毛毡、狗毛毡、兔毛毡、骆驼绒毛毡、骆马毛毡……

下面介绍的是常见羊毛的种类，认识这些种类之后，制作羊毛毡就能事半功倍啦！

新西兰羊毛
多来源于美丽诺羊与林肯羊的交配品种，其羊毛纤维长度不长，但质地坚固、颜色亮丽，适合与其他羊毛混合纺制。针毡与湿毡皆适合。

美丽诺羊毛
羊毛最为纤细，纤维也较长，触感柔软舒适。等级越高的美丽诺羊毛纤维越细、毛鳞越多，毛鳞可以增加表面的摩擦，有助于毡化的速度加快。制作湿毡使用美丽诺羊毛较新西兰羊毛省时省力。适合制作贴身物件。

丝光羊毛
通过化学处理将毛鳞剥除，具有防缩特性。丝光羊毛最大的特色是看起来有丝质般的光泽，摸起来手感滑顺，与一般羊毛混毛后，可做出质感较佳的湿毡。适合制作衣服、披肩、围巾等随身物件。

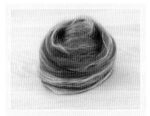

美丽诺混丝羊毛
80% 美丽诺羊毛加上 20% 蚕丝，兼具蚕丝特别的光泽加上美丽诺羊毛柔顺、易于毡化的特性，适用于湿毡的制作。适合制作贴身物件。

填充羊毛
这种羊毛主要用作填充物，将羊毛打松成棉花状，较一般羊毛易于塑形。先用填充羊毛快速戳成作品雏形，再包卷上一般羊毛，不仅可以节省时间，还能让作品更有弹性。

特殊羊毛：用于装饰点缀。

美丽诺杂色羊毛
用黑、黄、白三色混色。

美丽诺白羊毛
经过杂质处理，天然色泽为其特色。

英国风经典羊毛
88% 英国羊毛混合相同色调羊毛与彩色毛点。

段染长纤维羊毛
色彩鲜艳丰富，可呈现出作品层次。

知识广播站

Q2 初学者的工具怎么选？

想用针毡做出可爱的玩偶，针毡要用到的戳针分粗针和细针，该买哪一种好呢？

戳针有粗针和细针的分别，前者能较快地进行物体初步的塑形毡化，不过在细部的修整方面就不如细针好用。如果人的一生只能选择一支针，裘西会建议选细针喔！虽然一开始的塑形没有粗针快，可是玩羊毛毡最需要的就是耐心，快不如巧，当初裘西也是靠细针开始闯江湖的。但戳针其实很脆弱，特别是初学者容易施力不当导致戳针断掉，大家在使用时要小心喔。

针毡最重要的工具是戳针，其次就是工作垫，工作垫是避免戳刺时接触硬的桌面所需的缓冲工具。因为戳针容易断，所以只要能让戳针缓冲的东西都可以做工作垫，比如海绵、毛巾、压缩泡绵等，其中海绵容易粘连羊毛，造成作品颜色混杂；若使用毛巾，因为它较无弹性，断针的风险较高；建议使用压缩泡绵，不仅价格便宜，也没有前两者的缺点。但压缩泡绵跟戳针一样都属于消耗品，使用到了一定程度就要更换，才不会影响到作品的成形。

Q3 湿毡使用的热水温度要多高？

湿毡时用肥皂水左搓右揉玩得好开心啊，不过做完才知道原来肥皂水的温度也很重要，难怪我做出来的成品总是不够好看。

温度对于湿毡的毡化是很重要的，因为湿毡的制作原理就是利用羊毛的缩水特性，通常制作湿毡所需的肥皂水水温应维持在 40~50℃，大约是隔着瓶子会感受到热的温度。制作湿毡的过程中，如果水温不够会影响到毡化的速度，因此必须随时添加热水、适时添加肥皂水。

100%完成率的易懂入门款

是不是很想跟老师们一起学习制作羊毛毡呢？在这个板块里，来自不同地方的优秀老师将为你详细解说制作步骤，准备好所需材料，一步一步跟着老师动手做吧！

羊毛毡手作达人
——亲切温柔的 Angela 老师

喜爱日系可爱风的 Angela 老师，总是温柔地教导着学生，曾经学过陶艺雕塑技术的她，在认识羊毛毡之后，就一头跌进这个无限创意的世界中，她的作品形体分明、干净利落、配色柔和，给人舒服的感觉，很受女性大众的喜爱！

羊毛毡手作达人
——美丽大方的子瑛老师

当初因不经意地翻阅国外杂志而开启子瑛老师的羊毛毡异想世界。而令她惊喜的是，这项古老的工艺技法虽单纯，却可以塑造出各种造型，因此让她深深着迷其中。希望各位喜爱手作的朋友们与老师一同加入羊毛毡的行列，也期待着羊毛毡的世界丰富我们的生活！

羊毛毡手作达人
——认真细心的 Maggie 老师

最近刚出版一本羊毛毡书的 Maggie 老师，资历长达四年之久，对于羊毛毡手作总是充满无限的热情与创意，可爱类的羊毛毡是老师的最爱，尤其在掌握小动物们的身材比例与神情方面，更是有一番深刻的研究！

可口菠萝面包 by Angela 老师

PART I

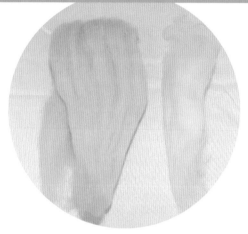

❤ 准备材料

新西兰羊毛		
系列	色号	重量
无指定	浅黄色	1g
无指定	酪黄色	5g
其他：专用戳针、专用泡绵垫		

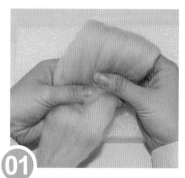

01 将酪黄色羊毛条拉松，按长度三等分，往内折成三层。

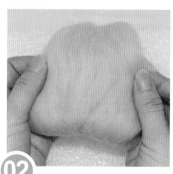

02 左右两边的毛往下拉，完整包覆侧边。

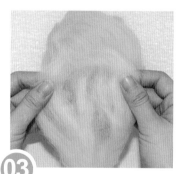

03 上方铺上少许浅黄色羊毛。

04 稍做包覆与整形。

05 将羊毛整理成半圆。

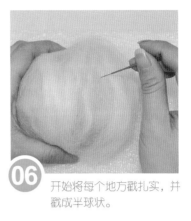

06 开始将每个地方戳扎实，并戳成半球状。

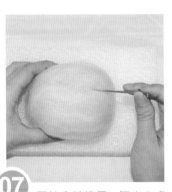

07 两针合并使用，与中心点等距处开始戳2条平行直线。

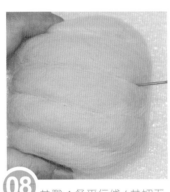

08 共戳4条平行线(共切五等份)。

09 再戳4条平行线，与前4条成60°角。

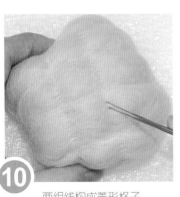

10 两组线构成菱形格子。

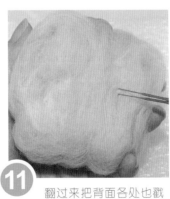

11 翻过来把背面各处也戳扎实。

香喷喷的可口菠萝面包完成啰！

DONE

幸福果实别针

 by **Angela 老师** PART II

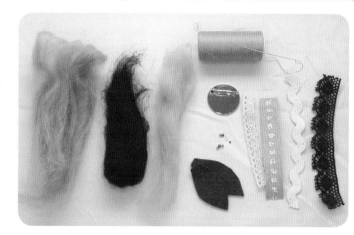

♥ 准备材料

新西兰羊毛		
系列	色号	重量
无指定	抹茶绿	3 g
无指定	酒红色	1.5 g
无指定	驼色	1 g
其他：专用戳针、专用泡绵垫、三片不织布绿色叶子、别针、不同样式棉质缎带数条、珠子、缝线、缝针		

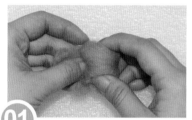

01 将抹茶绿羊毛条卷成球状。

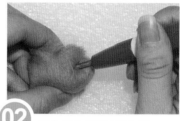

02 每个方向都用针戳扎实。

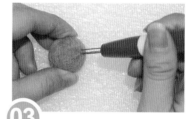

03 最后成圆球形。

04 将酒红色羊毛条卷成球状。

05 每个方向都用针戳扎实。

06 驼色羊毛也同上用针戳扎实。

07 完成大、中、小三个羊毛球。

08 用缝针在抹茶绿羊毛球上缝线。

09 从底下穿出（中心点）。

10 从中心点缝至侧边约0.6 cm长直线。

11 朝另一侧也缝 0.6 cm 长直线，总长 1.2 cm。

12 再缝一条长 1.2 cm 的直线，成十字形。

13 从中心点向外侧再缝一条短直线。

小叮咛：过中心点的直线尽量以中心点为界拆成两段缝，这样中心点才不容易松脱！

14 总共缝出 4 条短直线，最后成米字形。

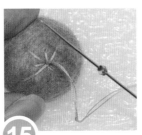

15 缝针穿过珠子。

16 在中心点处缝上。

17 线打结后，用剪刀剪断。

18 白色镂空缎带抹上泡沫塑料专用胶。

19 缎带粘在抹茶绿羊毛球的侧边。

20 用缝线将三个羊毛球串在一起。

21 背后缝上三片叶子。

22 其他缎带涂胶后，粘在叶子背面。

23 胸针底座也上胶。

24 粘在缎带背面。

DONE

幸福果实别针完成啰！

23

草莓蛋糕派

by **Angela 老师** *PART III*

💙 **准备材料**

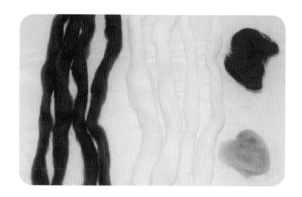

新西兰羊毛		
系列	色号	重量
无指定	白色	长30cm×2条
无指定	咖啡色	长30cm×2条
无指定	红、绿色	各少量

其他：专用戳针、专用泡绵垫、卷线器

01 日本 Hamanaka 卷线器（主体和桌片）。

02 将咖啡色羊毛一端绕在卷线器桌片上。

03 另一条咖啡色羊毛也绕在卷线器桌片上。

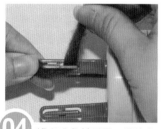

04 将咖啡色羊毛另一端绕在卷线器主体转片上。

05 两条都绕上固定。

06 用卷线器把羊毛拉直。

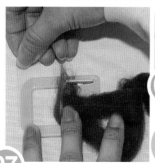

07 桌片用胶带固定于桌上。

08 右手握住主体，左手伸入羊毛条中间。

小叮咛：左手伸进羊毛条中间可防止打结！

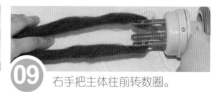

09 右手把主体往前转数圈。

10 羊毛条会越转越紧。

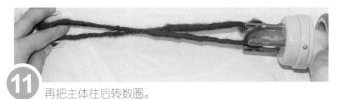

11 再把主体往后转数圈。

12 两条羊毛会卷在一起。

13 把羊毛条从卷线器拆下。

14 尾端要打两个结。

15 另一端也拆下打结备用。

16 白色羊毛条同步骤 02 ~ 14 的方法制作。

17 将卷好的咖啡色羊毛条卷成两层扁圆状。

18 用戳针戳以固定，使主体不散开。

19 侧边往内戳，定型。

20 白色羊毛条也卷成扁圆状叠在上面。

21 继续戳毡固定。

22 少量红色羊毛先用手搓一下成球状，再戳入白色羊毛之上。

23 完成草莓小圆球。

24 取少量绿色羊毛放在草莓旁边。

25 戳入做成草莓蒂。

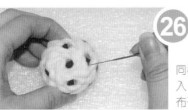

26 同样方法重复戳入 5 个草莓，散布于蛋糕上。

草莓蛋糕派完成啰！

DONE

气质胸花 *by* 子瑛老师
PART I

♥ 准备材料

新西兰羊毛		
系列	色号	重量
无指定	2131 紫红色	3g
无指定	2133 紫蓝色	3g
无指定	2142 粉蓝色	1g
无指定	2144 淡粉色	1g
其他：肥皂水、别针、粉红色羊毛毡球、针线、抹布、网布		

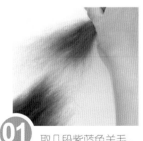
01 取几段紫蓝色羊毛。

02 将羊毛铺成圆圈状。

03 用经纬交织法（纵向、横向交错铺毛）多铺几层羊毛。

04 于中间处铺上粉蓝色羊毛。

05 盖上网布。

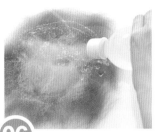

06 洒上肥皂水，让羊毛均匀浸湿。

07 将羊毛间的空气压出。

08 拿开网布，稍做整形，将花朵外围往内折少许进来。

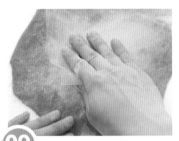

09 盖上网布，并将网布一角折起覆盖在底层网布上，摩擦至表面毡化。

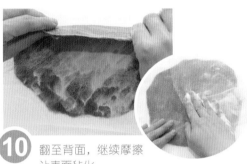

10 翻至背面，继续摩擦让表面毡化。

11 毡化完成后，拿起剪刀均匀剪出花瓣间隔。

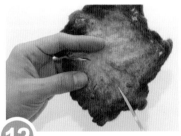

12 先计划好花瓣的数量后再进行剪裁，这样可避免失败喔！

13 每一片花瓣都做些修剪以调整形状。

14 红色花朵用紫红色和淡粉色羊毛同步骤01～13的方法制作。

小叮咛：蓝色花朵要比红色花朵大一些，才能凸显花瓣的层次感！

15 将粉红色羊毛毡球缝在花朵正中间。

16 别针缝在花朵的背面。

气质胸花完成啰！

DONE

❤ 准备材料

新西兰羊毛		
系列	色号	重量
无指定	2116 鹅黄色	1g
无指定	2112 亮橘色	1g
无指定	2130 艳紫色	2g

其他：肥皂水、发饰用弹性绳、针线、宝蓝色羊毛毡布、美工刀

01 先取一小段鹅黄色羊毛。

02 均匀取二份亮橘色羊毛。

03 再均匀取三份艳紫色羊毛。

04 先将鹅黄色羊毛的一端浸湿肥皂水。

05 往前卷成圆球状。

06 放入手中加少许肥皂水后，开始搓圆（只需搓成圆球状即可）。

07 用第一份亮橘色羊毛完全包覆鹅黄色羊毛球。

08 倒上肥皂水，放入手中再搓成圆球状即可。

09 取第二份亮橘色羊毛，将不均匀的亮橘色羊毛球包覆成圆球状。

10 倒上肥皂水，放入手中再搓成圆球状即可。

⑪ 用第一份艳紫色羊毛完全包覆亮橘色羊毛球。

小叮咛：包两层羊毛可以确保各层颜色的羊毛能被包覆均匀，也可视需要调整每层颜色的厚薄度！

⑫ 将第二、三份艳紫色羊毛继续包覆上去，洒上肥皂水后轻揉搓圆毡化，待圆球表面毡化后，可加力搓圆毡缩。

⑬ 毡化完成！

⑭ 用美工刀往羊毛毡球中间切一刀，但不要切到底。

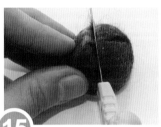

⑮ 垂直方向再切一刀，让开口成十字形。

⑯ 将羊毛球轻轻拨开。

⑰ 四个尖角处再各切一刀。

⑱ 也一样轻轻拨开后整形。

⑲ 每个角尽量分配均匀。

⑳ 整形后，就完成QQ球了。

㉑ 将准备好的发圈打结。

㉒ 打结的那端放在QQ球的背后，压上已经准备好的小块羊毛毡布。

㉓ 针线沿着羊毛毡布四边缝牢。

DONE

QQ发圈就完成啰！

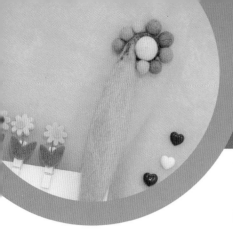

♥ 准备材料

新西兰羊毛		
系列	色号	重量
无指定	2144 淡粉色	10g
无指定	2142 粉蓝色	2g
无指定	2130 艳紫色	1g
其他：肥皂水、粗麦克笔1支、铅笔1支、针线、气泡纸、抹布、羊毛毡球数个		

01 在气泡纸下面洒少许水以防气泡纸移动。

02 取一段淡粉色羊毛（羊毛长度依据喜好的笔套长度）。

03 将羊毛稍展开，摆放在气泡纸上。

04 再取一小段淡粉色羊毛。

05 横向地摆放在笔套主体中间。

小叮咛：若想做成胖的笔套，在笔套中间处多铺几层羊毛即可！

06 纵向、横向交错地多铺几层。

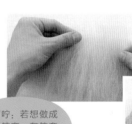

07 最后整理一下形状。

08 洒上肥皂水，使羊毛均匀浸湿。

09 用手将羊毛间的空气压出。

小叮咛：开口整齐的那一端当作笔的进出口！

10 笔套开口的一端往内折一些，使开口整齐。

11 将粗麦克笔放上。

12 从尾端开始往上卷起，尽量卷紧实。

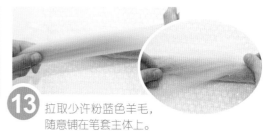

13 拉取少许粉蓝色羊毛，随意铺在笔套主体上。

14 前后滚动笔套，让粉蓝色羊毛沾上肥皂水。

15 在笔套尖细的那端铺上艳紫色的羊毛。

16 将尾端整形。

17 将笔套轻柔滚动，使表面毡化。

18 待表面毡化后，将粗麦克笔抽出。

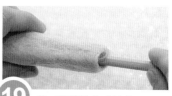

19 然后将铅笔放进笔套内。

20 更换洗衣板，将笔套放上，施力滚动继续毡缩。

21 待毡缩完成后，将铅笔抽出。

22 稍做整形后，将艳紫色尾端卷曲，缝上大个白色羊毛毡球。

23 然后将其他颜色的小羊毛毡球依序缝上。

DONE

彩球笔套就完成啰！

缤纷爱心小吊饰 by Maggie 老师

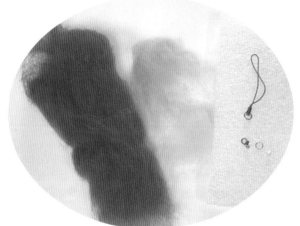

♥ 准备材料

新西兰羊毛		
系列	色号	重量
corrie	3003 桃粉色	4g
wave	p6 天空蓝	少许
wave	p5 荧光黄	少许
其他：专用戳针、专用泡绵垫、手机绳、双圈吊环、透明钓鱼线及缝针、珍珠色油珠		

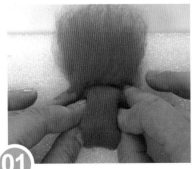

01 将桃粉色羊毛折成 4 cm × 4 cm × 2.5 cm 的长方体。

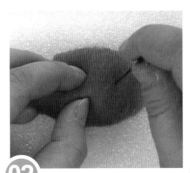

02 羊毛正反两面都戳扎实（侧面针斜 45° 戳入）。

03 羊毛较扎实时用双手捏塑形状，再用戳针戳刺固形。

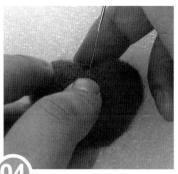

04 重复戳刺上方中间，就可以让这部分较凹陷。

05 将下方用手指捏尖些，再用戳针戳刺固定。

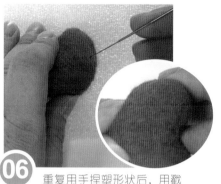

06 重复用手捏塑形状后，用戳针戳刺固定，直至得到满意的形状。

07 取天空蓝羊毛直接铺在爱心上直接戳入。

08 依照爱心原本的形状调整天空蓝羊毛的位置，戳入固定。

09 重复步骤07、08，加上荧光黄羊毛。

10 由上方凹陷处，穿入缝针至前方正中心穿出。

11 穿过油珠。

12 将针穿回上方凹陷处，缝上双圈吊环即可。

小叮咛：油珠、双圈吊环缝制时，来回缝几次会更牢固。

DONE

缤纷爱心小吊饰完成啰！

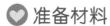
准备材料

新西兰羊毛		
系列	色号	重量
sugar	m87 黄金棕	4g
roru	r-005 浅驼点点	少许
roru	r-006 粉红点点	少许
wave	p8 白色	少许
wave	p6 粉红色	少许
wave	p13 巧克力色	少许
其他：专用戳针、专用泡绵垫		

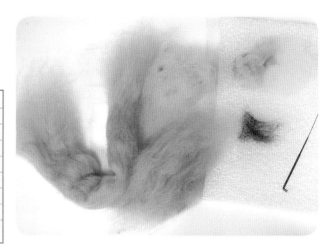

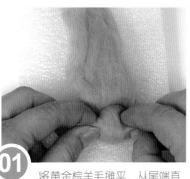

01 将黄金棕羊毛摊平，从尾端直着向上卷紧。

02 卷至一半长度时改用斜卷方式卷至最后。

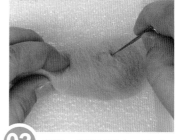

03 将开口用戳针固定一下后，前后滚动羊毛，用戳针戳刺至毡化。

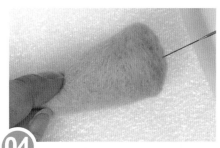

04 侧边戳针以水平方向直接戳入，做出一个高6cm、底直径3.5cm的圆锥体。

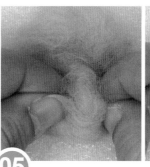

05 取粉红点点羊毛卷紧成小圆球，用戳针戳到开口处不会松开即可。

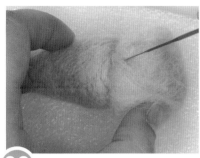

06 将以上两种颜色羊毛用手捏住，戳针只戳外围交接的地方至不会松动为止。

07 戳针以斜45°方向戳入，这样粉红冰淇淋和甜筒部分接合得会更牢固。

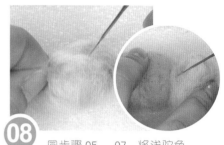

08 同步骤05～07，将浅驼色点点羊毛接在粉红点点羊毛上。

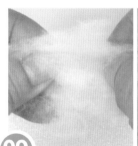

09 将白色和粉红色羊毛用手抓匀混色。

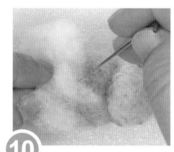

10 铺在甜筒和粉红点点羊毛的交接处（约1.3 cm宽），并用戳针毡化固定。

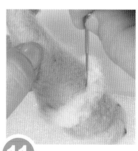

11 将冰淇淋倒过来用戳针毡化固定。

小叮咛：如图方法戳入，可以让这部分的羊毛变得较有立体感。

12 取巧克力色羊毛先用手搓紧。

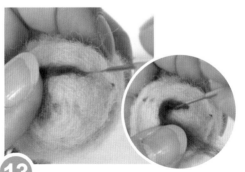

13 再放在冰淇淋上做出巧克力淋酱的样子。

DONE

三色冰淇淋完成啰！

球球手机袋

by **Maggie 老师** PART III

❤ **准备材料**

新西兰羊毛			日本羊毛		
系列	色号	重量	系列	色号	重量
corrie	3100 自然灰	10g	natural blendsugar	814 粉玫瑰色	2g
sugar	m64 粉红色	少许			
其他：专用戳针、专用泡绵垫、蓝色椭圆泡绵（上宽 12 cm、下宽 13.5 cm、长 18 cm）、网布、木棍、寿司帘、肥皂水、细钓鱼线、针					

小叮咛：
1. 喝完的宝特瓶瓶盖上戳一个小洞，将肥皂水装进去，浸湿羊毛很好用喔！
2. 针的孔洞必须大到能穿进钓鱼线，如没有钓鱼线，也可用棉线代替。

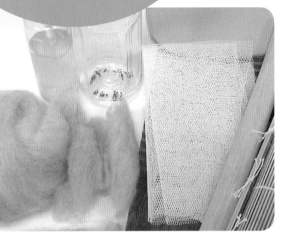

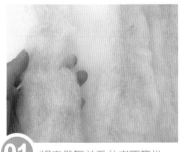

01 将自然灰羊毛分成四等份，粉玫瑰色羊毛分成二等份。

02 取二份自然灰羊毛，铺羊毛在蓝色泡绵上。羊毛分布方式：一层纵向，一层横向。

03 洒约 40℃的温肥皂水。

小叮咛：羊毛需拉松，然后均匀地铺在纸型上。

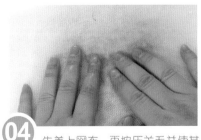

04 先盖上网布，再按压羊毛并使其均匀浸湿。

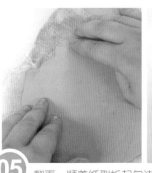

05 翻面，顺着纸型折起包边。

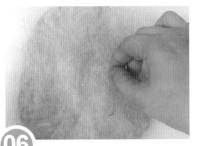

06 再将自然灰羊毛盖上，重复步骤 02 ~ 05，处理好另一面的羊毛。

07 取一份粉玫瑰色羊毛，随意地铺在灰色羊毛上，浸湿并顺着纸型折好边，再取一份粉玫瑰色羊毛同样处理另外一面。

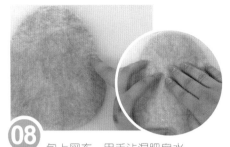

08 包上网布，用手沾湿肥皂水搓揉覆盖网布的羊毛。

09 搓揉至半毡化。

10 由上方剪 8 cm 的开口后取出纸型。

11 袋子中心放入木棍后卷在寿司帘内，并覆盖网布，继续搓揉袋子至毡化完全。

小叮咛：如果没有这两样工具，也可直接用手搓揉。

12 剪开处必须继续搓揉，最后洗净晾干。

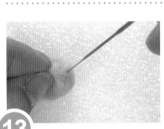

13 取粉红色羊毛用戳针戳成一个小圆球。

14 透明细钓鱼线一端在圆球起头固定。

15 直接缝在袋子上。

16 再缝回圆球，来回缝几次加强固定后，打结将线头藏入圆球内，剪掉多余的线即可。

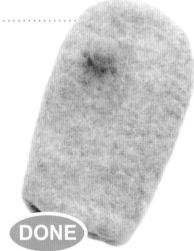

DONE

球球手机袋完成啰！

小叮咛：先量出自己手机的尺寸后再做纸型，这样手机套会更"合身"喔！

3 种颜色、10 分钟，
立即拥有可爱饰品

可爱小花

✿ **准备材料**

三色羊毛各 4 g、手机吊绳、缝针、棉线或透明钓鱼线、剪刀、肥皂水

---

01 将最深颜色的羊毛取出。

02 让羊毛的一端浸湿肥皂水。

03 往前卷成圆球状。

04 放入手中加少许肥皂水后，开始搓成圆球状。

05 羊毛毡球用手指轻压不易变形时，即毡化完成。

06 取另外两种颜色的羊毛。

07 各分成四份。

小叮咛：最深颜色的羊毛毡球需做成最大的，其余八个小球要比最深的羊毛毡球小。另外，八个羊毛毡球大小尽量一致！

38

08 然后将八份羊毛都毡化成球。

小叮咛：如果八个小球无法完全围住大球，可适量加上一些羊毛毡化，让它们变大后，即可围住大球。

09 将小球围绕在大球周围，先排序配色及造型。

10 将线穿过缝针，打一个结。

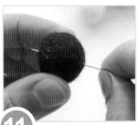

11 用针先穿过最大的羊毛毡球。

12 再穿过第二个小的羊毛毡球。

13 再穿过第三个。

14 依照顺序，将羊毛毡小球全部穿上。

15 然后将小球围绕住大球。

16 将针穿入中间大球。

17 依序将外围小球固定。

18 固定手机吊绳的小环。

19 最后打结，剪去多余的鱼(棉)线。

DONE 完成！

实用杯垫

❀ **准备材料**

深颜色羊毛4g、其他两种颜色羊毛各少许、抹布、网布、剪刀、肥皂水

01 取最深颜色的羊毛。

02 底下垫上网布，将拉松的羊毛，一小段一小段地铺上。

03 将羊毛以经纬交织法铺数层，将深色羊毛铺完。

04 洒上肥皂水，让羊毛均匀浸湿。

05 将羊毛间的空气压出。

06 网布拉起，将四边的羊毛往内折，形成规则方形。

07 杯垫初步的形状就完成了。

08 取一小段另一种颜色的羊毛。

09 两尾端用手搓成尖细状。

10 放到杯垫的中间。

11 取第三种颜色的羊毛，也将尾端搓成尖细状放到杯垫上。

  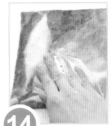 

12 覆盖上网布，洒上肥皂水，将羊毛间的空气压出。

13 掀开网布，将图案微整，用手将图案轮廓处的羊毛与底层杯垫羊毛紧密融合。

14 盖上网布后，开始摩擦做表面毡化。也别忘了摩擦另外一面喔！

小叮咛：背面也可以依照正面的图案制作方法，做出自己喜欢的花样。

15 表面毡化后，可以拿开网布，直接用手继续搓揉毡化！

16 先将其纵向卷起摩擦滚动毡缩，之后横向卷起摩擦滚动毡缩。

17 可依照自己喜好，修剪不规则的四边。

小叮咛：你也可以完全不修剪，让杯垫四边呈现自然状态。

18 修剪完四个边后，用网布于四周做摩擦修边。

 DONE 完成！

 布咕跟你说

羊毛毡如何保养与清洁？
羊毛纤维具有独特的还原性与弹性，羊毛制品定期做适当的保养，可比其他天然纤维和人造纤维制品更耐久。

平日保养

★经常使用优质软毛刷刷去表面灰尘，以保持羊毛毡作品的鲜丽颜色与外观效果。
★不定期让羊毛织品休息，以利羊毛纤维有时间透气、恢复天然特性。
★羊毛纤维具有天然的抗污性，但若不小心沾染污物，仍需尽快处理，以免留下痕迹。
★请勿使用温、热水或漂白水清洗羊毛制品的污渍；如需搓揉，请务必轻揉，以免纤维质量受损。
★表面如因摩擦而有毛球产生，直接用小剪刀修剪掉即可，不会影响羊毛毡作品外观。
★收藏时，请洗涤干净、完全晾干后密封装好保存。

洗涤说明

★以冷水清洗。
★不可漂白。
★选择标有纯羊毛标志与不含漂白剂的中性洗涤剂清洗。
★单独手洗，不要使用洗衣机，以免破坏外形。
★清洗时以手轻压方式，较脏部分也只需轻轻搓揉，千万不要用刷子刷洗。
★使用洗发精加护发素的方式清洗，可减少起毛球的现象。
★清洗完成后，吊挂在通风处自然晾干即可。如需烘干，请采用低温烘干。

知识广播站

Q4 为什么湿毡法做出来的作品总是跟想象的不一样？

看别人湿毡法做出来的包包、室内鞋都好可爱，为什么我揉搓了半天不仅形状歪七扭八，还跟原本想要的大小不一样？难道是湿毡的过程里藏着什么秘密？

湿毡的制作原理是借由羊毛的缩水特性，也就是"毡化反应"来达到塑形的目的，当羊毛纤维表面的毛鳞遇到摩擦、振动、压力等外力，再加上热和水便会产生毡化，反复地施加压力及加入热水，会使羊毛的毛鳞边缘相互纠结而无法恢复到原来的长度，因而产生收缩的现象，变成毡化物。这就是为什么我们做湿毡的时候要反复搓揉，还要不停加热水的原因。毡化的程度跟反复施加压力及加入热水所花费的时间有关，在极度的条件下，羊毛毡化可最多缩到原尺寸的一半。而毡化的程度也跟羊毛毡作品的坚固程度成正比，因此在制作湿毡时就必须预先考虑清楚作品最终想呈现出什么效果。

一般说来，毡化缩水的比例可拿捏在 1.2~2 倍的范围内，也就是制作纸型时必须放大至 1.2~2 倍。

例：假设制作一个长宽各 20 cm、有里袋的包包，要考虑到常常携带的包包必须坚固耐用，可是坚固就代表毡化程度要高，毡化程度高代表湿毡的时间要长，湿毡时间越长羊毛就会缩得越多，因此原本的纸型必须放大至所要尺寸的 1.5~2 倍，但如此一来，成品的触感就会偏硬，携带时反而不舒服。这时如果我们选择加上里袋，一方面增加包包的强度，另一方面也可以减短湿毡的时间，让包包既坚固又柔顺。将放大倍率缩小至 1.3~1.5 后，纸型的长宽各约为 26 cm（20cm×1.3），制作完成的标准就是将 26 cm 缩水至 20 cm 左右。

在制作湿毡作品时必须注意的是，当羊毛开始毡化后形状便会慢慢固定，所以想做出特定形状的湿毡作品时，应该先将羊毛依形状完成塑形后再进行搓揉。在搓揉的过程中，力道要由弱至强，否则容易将尚未毡化的羊毛移位；相同的原理也可以应用在湿毡的点、线、色块装饰上。

你也能拥有的可爱实用款

很多人知道羊毛毡可以做出实用的作品，比如袋子、手套、围巾……也许你还知道羊毛毡也可以做出可爱的作品，比如香菇、草莓……但怎么样才能做出既可爱又实用的羊毛毡，为生活增添美丽情趣呢？在这个板块里裘西与花花老师将发挥他们的创意，独家呈现完整的教学步骤，你绝对不能错过喔！

台湾黑熊

一开始裴西老师就带来背面是多功能熊掌的台湾黑熊，正面的黑熊头已经超可爱，没想到背面还有玄机，挂在手机上可以直接擦拭手机屏幕。造型满分又多功能的羊毛毡作品，一起动手做做看吧！

准备材料与工具

黑色羊毛 4g	装饰用大珠子 1 颗	戳针
白色羊毛 少许	白色油珠 数颗	泡绵垫
粉色羊毛 少许	毛巾布 1 小块	电子秤
抹茶色羊毛 少许	吊饰链 1 条	保丽龙胶
棕色羊毛 少许		剪刀
红色羊毛圆球 1 个		针线

05 戳针戳刺固定底部一周，戳出耳朵的形状。

06 再取少许黑色羊毛包覆耳朵，与头部接合。

07 取少许白色羊毛搓揉成片状，放在头部中间偏上方，戳刺中央固定后，沿着轮廓将多余的羊毛刺入，再整体戳刺至扎实。

08 加入棕色羊毛做成鼻子。

01 取 3g 黑色羊毛卷成三角形。

02 用戳针固定羊毛包卷的末端。

03 平针刺入底部，戳出轮廓的形状，再全面戳刺至整体扎实度平均，重复戳刺做出凹槽，像熊掌的样子。

04 取少量黑色羊毛卷折。

09 取少许白色羊毛搓揉成 2 个小球，戳刺在眼睛位置。

10 用相同方法取少量抹茶色羊毛做成眼珠。

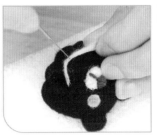

11 加上白色的 v 字线条做出嘴，即完成黑熊脸部。

12 翻至背面，取少许粉色羊毛搓揉成 4 个小圆球。

13 戳刺成脚掌肉垫。

14 再取粉色羊毛搓揉成较大的圆球，戳刺成大肉垫。

15 剪一小片毛巾布，将其粘在大肉垫上，主体部分即完成。

16 准备 1 个直径约 1.5 cm 的红色羊毛圆球，先用针线由下而上穿过黑熊主体。

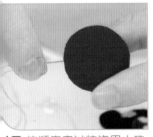

17 依顺序穿过装饰用大珠子与红色圆球。

18 穿过数颗白色油珠后，再反方向穿入圆球。

19 穿过装饰用大珠子。

20 最后在底部加上一颗白色油珠加强固定。

21 将针线从大肉垫穿出，打结固定。

22 再将针从黑熊头部穿出，剪掉线头。

23 可爱的黑熊吊饰完成了。

24 再看看背面，是不是既有趣又多功能呢！

暖暖室内鞋

回到家里，穿上舒服的羊毛毡室内鞋，不仅脚上暖暖的，心里也暖暖的，一整天的疲惫都消失了。美丽的桃红色鞋面与橘色内里，即使只加上圆球装饰也很可爱。在家想要又舒服又美美的？仔细瞧瞧裴西老师的做法。

准备材料与工具

橘色羊毛 20g	托盘	笔
桃红色羊毛 20g	气泡纸	剪刀
白毛线球 2 个	肥皂水	尺
可修剪鞋垫 1 双	保丽龙胶	塑料手套
防滑布	毛巾	
麂皮布	针线	

01 将 20g 橘色羊毛和 20g 桃红色羊毛各分成四份。

02 先取一份橘色羊毛以纵向平铺于气泡纸上。

03 再取另一份横向平铺，并加入温热肥皂水，用手轻压将羊毛浸湿。

04 将气泡纸纸型（见 118 页）连同羊毛翻到反面，将多出纸型的羊毛往内折入，再将另两份橘色羊毛同步骤 02、03 铺毛。

05 四份桃红色羊毛也如上述方法操作。

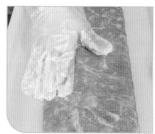

06 戴上塑料手套，用手轻轻地搓揉羊毛折入处，先使羊毛毡化固定。再由外向内以指腹画圈往中心轻轻搓揉，力道由轻至重，将整体搓揉至毡化。

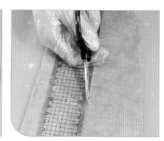

07 将羊毛搓揉至表面羊毛纤维不被拉起时，用剪刀从距底部 5 cm 处，往上剪出 13 cm 长的开口。

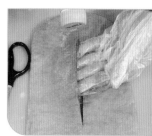

08 取出纸型，搓揉修剪处。

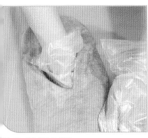

09 搓揉内侧。

10 将一手放入内面，用另一手沿着弧度于外部搓揉。

11 再以由外而内的方向，搓揉内面鞋底。

12 反复搓揉外部及内侧，塑形出鞋的侧边。

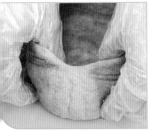

13 后跟处做法相同。

14 适时用尺测量，完成尺寸应为：鞋长 23.5 cm，鞋头至开口处约 10 cm，鞋宽约 10 cm，鞋后帮高约 4 cm、长约 7 cm。

15 达到尺寸标准后，于鞋后帮上沿往下 0.5 cm（鞋后帮底部往上 3.5 cm）处顺修整圈开口（开口长度约 13.5 cm），并再次搓揉开口处。

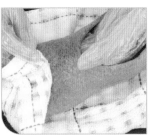

16 将肥皂水清洗干净，用毛巾轻压拭干。

小叮咛：到这个阶段已经算完成，但是如果希望室内鞋更耐用、不变形的话，最好加上鞋垫喔。

17 用熨斗将鞋形稍做整烫。

18 静置晾干后，粘上白毛线球。

19 在鞋底贴上防滑布（或缝上麂皮布）。

20 将可修剪鞋垫按着鞋底修剪形状，再在麂皮布背面沿着可修剪鞋垫画出形状，剪下。

21 再剪出留有 1.5 cm 缝份的鞋垫形状的麂皮布。

22 将可修剪鞋垫放在留有缝份的麂皮布上，用保丽龙胶粘贴反折处。

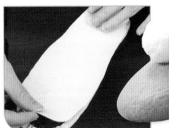

23 再将另一片同鞋垫尺寸的麂皮布粘贴在鞋垫上。

24 待胶干燥后，鞋垫即完成，可放入鞋中使用。

卡片夹

常常在想，放名片、证件的卡片夹，如果有特色就更好了，不仅表现出个性，也达到实用效果。接下来裴西老师示范的卡片夹，是用"羊毛片"制作的喔，比一般羊毛更省时省力（当然用一般羊毛也是可以完成的），想要轻松拥有可爱卡片夹，快来看裴西老师怎么做吧！

准备材料与工具

抹茶色羊毛片	托盘	水消笔
绿色绣线 少许	擀面杖	肥皂水
塑料卡片夹 1 组	气泡纸	毛巾
木扣 1 个	剪刀	缝针
各色羊毛 少许	直尺	

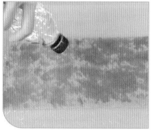

01 将抹茶色羊毛片裁成 14 cm×38 cm 共两片，并准备 12 cm×18 cm 的气泡纸。取一片羊毛片用肥皂水浸湿。

02 将气泡纸纸型放在距上、下及左边约 1 cm 处。

03 剪除左上角及左下角 1 cm 见方的羊毛片。

04 在羊毛片中间，即气泡纸右边边缘处剪出 1 cm 长的牙口。

05 将羊毛片上、下及左边多出气泡纸的羊毛折入。

06 将羊毛片由右往左对折，覆盖气泡纸。

07 取肥皂水将羊毛片表面完全浸湿。

08 沿着边缘将多余羊毛剪除。

09 将另一片羊毛片以肥皂水浸湿。

10 把已经对折的羊毛片放到刚浸湿的羊毛片上。

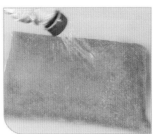

11 重复步骤 02~08 的做法后，洒上温热肥皂水。

12 先沿着边缘轻轻搓揉，固定形状。

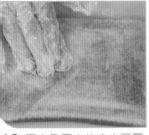

13 再由外而内往中央画圈搓揉。

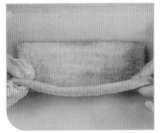

14 翻面重复相同动作。

15 搓揉的过程中，可能会出现如图片上的不均匀纹路。

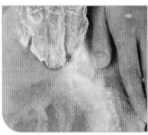

16 尽量把纹路从外往中间拨，作品表面才会均匀平整。

17 搓揉至表面羊毛纤维毡化后，用剪刀从中间剪开。

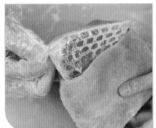

18 取出气泡纸。

19 加入肥皂水，将内侧及修剪处搓揉毡化。

20 用气泡纸包卷羊毛片，来回按压数十次，可用擀面杖加强。

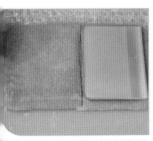

21 过程中可将卡片夹放到羊毛片上，观察羊毛片毡化缩水的程度。

22 大约缩水至 10 cm × 15 cm 后，从中间开口处左右 1 cm 处剪去两片羊毛直条片，直条片留着备用。

23 再将修剪处搓揉毡化。

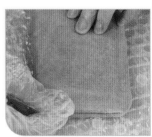

24 最后将羊毛片对折，继续搓揉表面四周的线条。

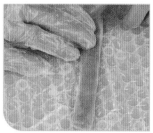

25 将剪下的羊毛直条片搓揉毡化，连同羊毛片一并用清水洗净。

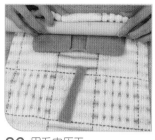

26 用毛巾压干。

27 把塑料名片夹放入羊毛片内。

28 用熨斗整烫，静置干燥。

小叮咛：裴西老师使用的是原本就有三股线的缝线，可以加强视觉效果，也会更坚固喔。

29 利用针线将直条片与卡片夹缝合。

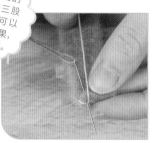

30 使用п字缝法缝制。

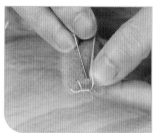

31 将直条片四边都缝线。

32 在一端剪出约2cm长的扣眼。

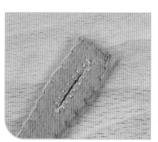

33 扣眼周围也用绿色绣线以п字缝法缝制。

34 将羊毛片的一端缝在背面。

35 以回针缝固定。

36 打结后，将针从另一端穿出，剪掉线头。

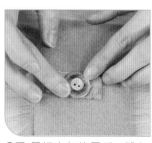

37 量好木扣位置后，缝上固定。

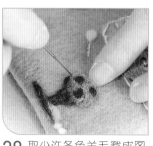

38 取少许各色羊毛戳成图案装饰卡片夹表面。

39 图案可依自己的喜好设计喔。

40 戳好图案，卡片夹就完成了！

快乐腊肠狗相框

技法：针毡与麻布复合材料运用

一边是羊毛毡做成的宠物羊毛毡画，一边可放主人与宠物的合照。这就是属于我们的快乐时光。

斑比小鹿零钱包

技法：湿毡袋状塑形

美丽诺羊毛做成的零钱包，触感好柔好舒服。加上里袋，可以加强零钱包的耐用度，缝上小鹿图案的棉布，别有一番风味。

花造型发箍

技法：湿毡平面塑形

剪剪贴贴，独一无二的质感设计。

毛线编织钥匙包

技法：湿毡袋状塑形、湿毡圆球塑形、针毡装饰

让钥匙不再冰冷的暖暖包，让钥匙更美丽的毛线包。

花心戒指

准备材料与工具

奶白色羊毛 2g   戳针
蓝色羊毛 1.5g   圆柱形物体
粉色羊毛 4g   保丽龙胶
红色羊毛 少许   泡绵垫

01 做戒环之前，要先测量所需的羊毛长度。可至一般材料行购买照片左边的发泡管，也可以利用家中现有的圆柱形物体，例如花花老师使用的睫毛膏管。

02 将羊毛绕在睫毛膏管上后，先固定羊毛的尾端。

03 可将睫毛膏管直立，一边旋转，一边戳刺侧面的羊毛。每一面都要均匀戳刺。

04 也可将睫毛膏管平放，但戳刺时要注意力道，避免刺穿羊毛、刺伤手指。

05 取蓝色羊毛 (约是奶白色羊毛的一半量),重复上述动作,做出另一个戒环。

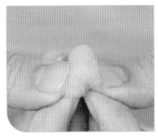

06 取粉色羊毛少许,将羊毛卷起后对折。

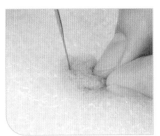

07 对折后放在泡绵垫上戳平。

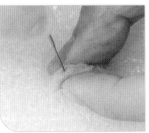

08 侧面可以抓着羊毛直接戳,也可以使用在"针毡基本功法"中教过的扁平形状塑形法,用瓦楞纸夹住比较安全喔。

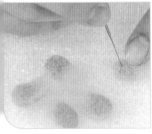

09 如图戳出五片花瓣。记得留住一边的羊毛不戳,方便之后的接合。

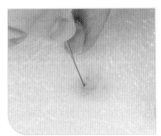

10 取少许同色羊毛作为花瓣中心,只要戳刺中间即可,外围羊毛可与刚戳的花瓣接合。

11 依序接合五片花瓣。

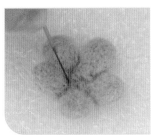

12 五片花瓣都接合之后,再将尚不扎实的地方戳刺完整。

13 用红色羊毛戳出一个小圆球。

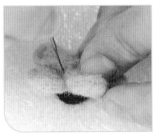

14 以圆球在下、花瓣在上的方式将圆球与花瓣接合。

小叮咛:
如果觉得不牢固,也可以用缝合的方法喔。

15 粘上戒环,花朵戒指完成啰。

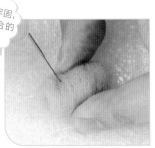

16 用粉色羊毛戳出一个小圆球,开始进行第二个戒指的装饰。

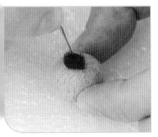

17 在圆球上戳出喜欢的图案。

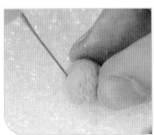

18 再取蓝色羊毛,戳出更小的圆球。

19 粘上戒环,爱心戒指也完成了!

20 戴上了戒指,是不是感觉到春天就在身边?

俄罗斯娃娃

准备材料与工具

蓝色羊毛 2g　　　红色羊毛 少许
粉色羊毛 2g　　　黑色羊毛 少许
肤色羊毛 少许　　戳针
咖啡色羊毛 少许

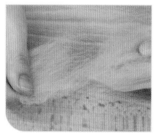

01 在开始做头部之前，先撕下小片粉色羊毛备用。

02 将剩余的羊毛卷起，准备戳成圆球。

03 固定羊毛之后，先将两侧的羊毛集中，戳出圆弧度。

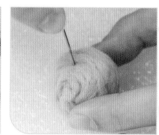

04 按照"针毡基本功法"中教过的技巧，将各角度戳刺扎实。

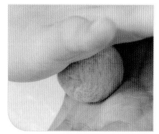

05 戳到一定程度后，可将圆球于掌心中搓揉，觉得搓起来不顺的地方，就要再加强戳刺。

06 尽量戳到完全扎实喔。

07 将蓝色羊毛卷起，准备制作身体部分。

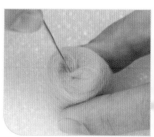

08 将身体戳成长形的圆锥状。因为要与头部接合，所以可留较细那端不戳。

54

09 除了要接合的部分外，其他部分都要戳扎实。

10 将头部与身体接合。

11 接合时可能会产生如图的接缝，这时就可以拿一开始留下来的羊毛来补平。

12 将羊毛绕在接缝周围。

13 将补毛戳刺扎实，接缝就变平整了。

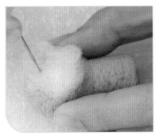

14 取肤色羊毛作为娃娃的脸。

15 在头上戳出一个平面的圆。

16 用咖啡色羊毛做出头发刘海。

17 先固定外围轮廓形状，再将中间戳刺扎实。

18 取一小片黑色羊毛，戳上眼睛。

19 将红色羊毛搓成细线再戳上，作为嘴巴。

20 多出来的羊毛可直接用剪刀剪断。

21 用粉红色羊毛加上腮红。

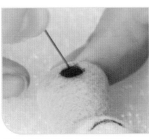

22 在身体戳上其他装饰。

23 即使是简单的图案也能增添可爱度喔。

24 装饰完成，俄罗斯娃娃也完成啰！

背心熊笔套

准备材料与工具

蓝色羊毛 2g	黑色羊毛 少许
黄色羊毛 2g	戳针
肤色羊毛 少许	

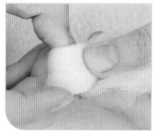

01 卷起黄色羊毛，准备做成小熊的头部。

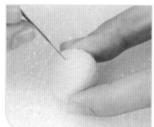

02 将羊毛戳成圆球状。

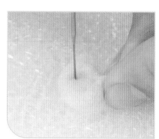

03 取一小片黄色羊毛，戳成扁平状的小熊耳朵。

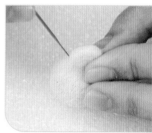

04 把戳好的耳朵接合到圆球上。

05 另一边的耳朵也戳好，并接合到圆球上，头部的雏形就完成啰。

06 小熊身体部分要做成笔套，先把蓝色羊毛包覆在粗的笔管上，做法与前面介绍的戒环大致相同。

小叮咛：
不要直接戳在笔管上，可能会导致戳针断掉。

07 将笔平放，均匀戳刺。

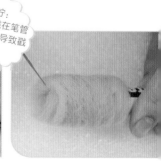

08 把羊毛轻轻推离笔管。

09 稍微戳刺尖端的羊毛，因为最后要与头部接合，所以不用戳刺得太硬。

10 将笔管直立，每一面的羊毛都要戳到。

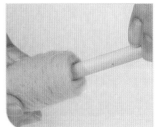

11 换成笔管较细的笔，例如铅笔。

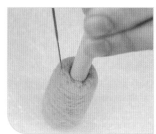

12 继续戳刺到毡化完成。

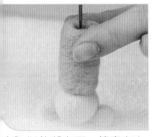

13 以头部在下、笔套在上的方式，戳针由上而下穿入笔套将两者接合。

14 再从外侧戳刺，让头部与身体接合得更牢。

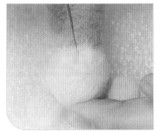

15 取少许肤色羊毛，在脸部戳成小圆。

16 用黑色羊毛戳上眼睛。

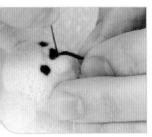

17 用黑色羊毛戳上鼻子与嘴巴。

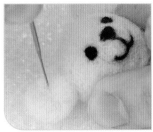

18 再取少许肤色羊毛装饰耳朵。

19 在胸口加上黄色的羊毛，看起来就好像小熊穿着背心。

20 用黄色的羊毛卷成条状，准备做成小熊的手。做法可参考58页"小猫针座"中手的做法。

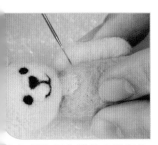

21 把做好的手接合到身体上。

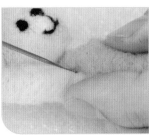

22 重复相同步骤，把另一只手也接合到身体上。

23 刚接合好的地方可能会出现如图的凹陷，只要补上一点点羊毛就可以修复啰。

24 补上毛后，背心熊笔套也就完成啦！你也可以像花花老师一样，在背心上戳上装饰喔。

小猫针座

坐在毛球堆中的小猫,看起来是不是很可爱?小猫针座除了可以拿来插缝针,当然也可以放戳针。有一个这么可爱的针座,你还不赶快练习!学会做动物的四肢后,就可以做出许多动物造型了。

准备材料与工具

浅驼色羊毛 12g

奶黄色羊毛 4.5g

黑色羊毛 少许

粉色羊毛 少许

用来做圆球的羊毛
（颜色不限）少许

戳针

泡绵垫

电子秤

01 取浅驼色羊毛,向内卷起,准备做成针座底座。

02 利用戳针将侧边羊毛向中间集中。

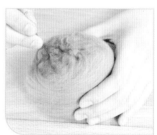

03 持续戳刺,直至纹理消失、羊毛毡化。

04 翻面,继续戳刺至毡化。

05 从正面中心点向外戳刺出弧度。

06 重复翻面动作,反复戳刺使羊毛越来越硬实。

07 取2.5g奶黄色羊毛,向内卷起。

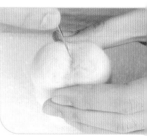

08 侧边羊毛用戳针固定、集中,然后戳刺中间部位,使其内凹。

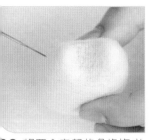

09 将两个突起的角修饰成小猫耳朵。

10 身体各部位戳刺扎实。

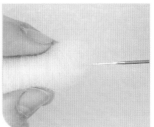

11 取少许奶黄色羊毛，戳刺成条状当作小猫的手，仅需将一端戳刺扎实。

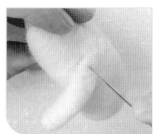

12 将尚未毡化的一边接合至小猫身体上，另一只手做法相同。

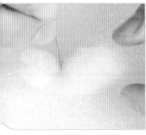

13 取少许奶黄色羊毛，戳刺成条状当作小猫的脚，在约 1/3 部位戳凹。

14 接合至小猫身体，另一只脚做法相同。

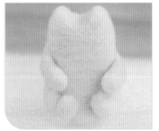

15 接合时尽量让小猫的手脚如图向中心略聚拢。

16 取约 0.5g 羊毛戳刺成圆球。

17 与小猫身体接合，看起来像是小猫抱着圆球。

18 取少许黑色羊毛戳刺成小猫眼睛。

19 再取少许粉色羊毛戳刺成小猫嘴巴。

20 取奶黄色羊毛戳刺成条状当作小猫尾巴。尾巴向上戳进小猫身体，向下戳进底座，从而接合三者。

21 戳刺出几个不同颜色的圆球，随机放在底座上。

22 取一小撮毛线，戳刺在底座上。

23 取另一撮毛线戳刺进同色圆球再沿着小猫身体延伸出来，可留小段不戳，看起来更自然。

24 可爱的小猫针座完成啰！

送礼小熊

手上抱着礼物的小熊，让人忍不住想多看它几眼。别上别针戴在身上，就是花花老师最喜欢的饰品。虽然也是动物，但四肢跟前面的小猫不太相同，仔细看花花老师的说明。

准备材料与工具

蓝玉色羊毛 4.5g	戳针
黑色羊毛 少许	泡绵垫
别针 1 个	缝针
装饰珠子 数颗	缝线

01 将蓝玉色羊毛卷起，准备做成小熊身体。

02 侧边羊毛往中间收，持续戳至纹理消失、羊毛毡化。

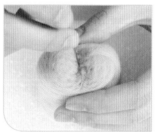

03 中间向内戳凹，做出小熊耳朵。

04 将身体各部位戳刺扎实。

05 取约 0.3g 蓝玉色羊毛，做成小熊的手，做法与前篇小猫的手类似，但因为要抱礼物所以要戳刺成弯弯的，与身体接合时让手向身体内弯。

06 戳刺出另一只手并与身体接合，自然垂下即可。

07 取少许蓝玉色羊毛卷起后与小熊身体底端接合，中间戳凹做成小熊的脚，持续戳刺至扎实。

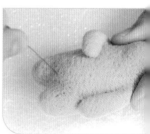

08 身体与脚中间取适当位置略戳凹，呈现小熊肚子的弧度。

09 脖子部位戳凹，让小熊的头部突显出来。

10 取少许黑色羊毛戳出眼睛与嘴巴。

11 拿出针线，由上往下穿过小熊弯曲的手。

12 再由下往上穿回。

13 穿进装饰珠子，针线要再穿回小熊的手或身体（尽量穿在完成后珠子能遮住的地方），才能先将第一颗珠子固定。

14 反复将针线穿过其他装饰珠子。

15 最后再将针从小熊的手穿出。

16 打结固定。

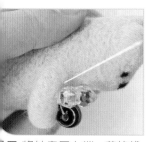

17 将针穿回上端，剪掉线头。

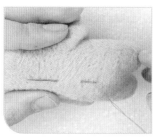

18 翻至背面，先将针穿过身体中间，准备加上别针。

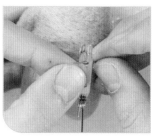

19 穿过别针上方的孔。

20 穿进身体，再从上方的孔穿出。

21 重复动作，左右穿线来回数次。下方的孔亦同。

22 将别针固定后，小熊就完成了（背面）。

23 正面。

24 除了珠子之外，也可运用水钻、指甲花饰等材料来装饰小熊喔。

Happy 口金包

圆滚滚的口金包是花花老师的专长，当然要请他来为大家做示范！这个口金包不只圆滚滚，还戳上了 Happy 的字样，希望大家做羊毛毡时都要保持好心情喔。

准备材料与工具

桃红色羊毛 25g
针毡图案羊毛 颜色不限
8.5 cm 口金
装饰材料 可根据个人创意准备
直径 10 cm 泡沫塑料球

热肥皂水
托盘
洗衣板
网布
直径 8 cm 泡沫塑料球

剪刀
布尺
大头针
针线

01 依照大泡沫塑料球直径量出所需羊毛长度。

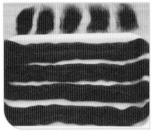

02 取四段等长羊毛，再取数段小片羊毛，当羊毛不均匀时可补毛。

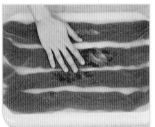

03 铺上网布，洒上肥皂水，使羊毛均匀浸湿。

04 取一段羊毛以纵向包覆泡沫塑料球。

05 取另一段羊毛以横向包覆泡沫塑料球。

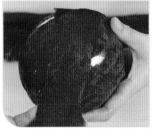

06 运用"米"字法，取一段羊毛斜向包覆泡沫塑料球。

07 将最后一段羊毛从另一边斜向包覆泡沫塑料球。

08 铺毛不均的地方，用一片羊毛铺平。

小叮咛：
过程中，可将多余的泡泡去除，也要适时加肥皂水避免粘毛喔。

09 裹上网布，准备进行摩擦。

10 在洗衣板上滚动较好施力，摩擦力也较大，可加速毡化。

11 毡化至一定程度后，取出羊毛球，用布尺量出10cm长度，并利用大头针在两端做记号。

12 将10cm的羊毛剪开。

13 撑开羊毛，取出泡沫塑料球。

14 放入小个泡沫塑料球。

15 裹上网布，持续湿毡过程，使羊毛从大泡沫塑料球的大小缩小至小泡沫塑料球的大小。

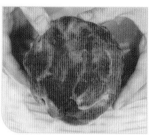

16 过程中可随时拿掉网布，观察羊毛毡化的情况。如果还有缺口（如图），可以适时调整搓揉的方向和力道。

17 当表面毡化完成后，剪开羊毛，取出小球。

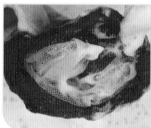

18 将网布放入羊毛内侧。

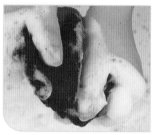

19 反复搓揉，使内侧羊毛也毡化。

20 表面与内侧羊毛都毡化完成后，将羊毛冲洗干净，并用毛巾压干。

21 取出针线，开始缝口金。先将针从表面穿至内侧。

22 口金放于羊毛表面，将针从内侧穿回口金最中间的孔。

23 向左穿至旁边的孔，针穿回羊毛内侧。

24 再穿回刚刚穿过的第二个孔，注意针穿进羊毛的方向要与刚才不同，缝线才不会松掉。

25 反复动作穿至最后一个孔，打结后穿回羊毛内侧，剪掉线头。

26 右侧与另一面的口金也使用相同方法缝制完成。

27 贴上简单的蝴蝶结蕾丝装饰，即可完成高雅口金包！

28 或者也可以使用针毡加上图案。花花老师接下来示范"Happy"针毡的做法。

29 戳英文字时先将字母边框的范围固定，再将中间戳刺扎实。

30 横向与纵向的戳刺方式相同，只要掌握适当距离即可。

31 依序将字母戳刺完成。

32 可使用少许羊毛修边，将原本字母的直角修得圆滑，看起来更可爱。

33 加上圆片装饰。

34 装饰可根据个人创意做变化。

35 戳上"e"，字母造型也可以做变化。

36 一手拉着羊毛，另一手用针同时戳上，就可以戳出自己想要的弧度。

37 可加上线条装饰。

38 完成装饰后，可塞入袜子，让口金包的形状更饱满好看。

39 装饰后圆滚滚的口金包，真的好可爱。

40 从正面延伸到背面的图案，让口金包变得更生动活泼了！

鳄鱼手机袋

技法：湿毡袋状塑形 + 针毡

小叮咛：流苏线当气球绳可增加立体感。

扣饰羊毛鞋

技法：湿毡袋状塑形

小叮咛：先多练习铺毛再尝试，制作时间较长。

毛毡隔热手套

技法：湿毡袋状塑形 + 针毡

小叮咛：虎口与大拇指铺毛要注意均匀。

圆形双面提袋

技法：湿毡袋状塑形

小叮咛：
1. 双面铺毛不能太薄，以免透光。
2. 毛铺厚实颜色才能饱和。
3. 圆形要特别注意毛的均匀度。

Q5 为什么羊毛毡圆球会出现缺口？

不管是针毡还是湿毡，想做圆球时都很容易出现一条缝，怎样都戳（搓）不平，为什么老师们的作品都这么平整呢？

羊毛毡圆球可借由针毡与湿毡两种方式制作，通常圆球缺口的出现都是因为羊毛包覆时不够均匀，所以在毡化时出现了缺口，下面分别介绍针毡与湿毡的圆球缺口的修复方法。

【针毡】卷羊毛的时候，羊毛的厚度差异太大以及包覆不均匀，造成在戳刺时某处的羊毛密度比周围小，因此形成缺口。此时，可取少量羊毛将缺口填平，再铺上一层羊毛均匀戳刺修补。

【湿毡】卷羊毛的时候，羊毛的厚度差异太大以及包覆不均匀，且在搓揉圆球的时候力道过重、毡化过快，使得毛球纤维无法均匀毡化。在搓揉初期应以轻的力道，缓缓地在手心中画圈搓揉，再慢慢加强力道与速度，也要记得添加温热的肥皂水。如果圆球还是出现缺口，也可以取少量羊毛包覆圆球再次搓揉。

Q6 羊毛那么贵，想做大型玩偶要花多少钱？

学了这么多羊毛毡的技巧之后，不仅觉得小巧的作品很可爱，也想试着做出大型玩偶，可是如果要采买那么多羊毛，一定会让荷包大失血，裘西老师快教大家如何省钱吧！

羊毛毡作品的大小跟毡化的程度有关，但羊毛的分量才是影响大小的关键。因为羊毛是较昂贵的材料，所以制作大型的羊毛毡玩偶时可以使用填充物来减少羊毛的使用量。填充物要怎么选呢？只要是在制作过程中不会影响工具使用的材料都可以作为填充物。例如用针毡制作玩偶就可以使用填充羊毛将基本的形状制作出来，再包卷上羊毛；或将海绵切割成雏形，再包卷羊毛做细部塑形，注意不要因填充物使戳针工具断裂或弯折就可以了。若利用湿毡来制作，就可以选用泡沫塑料等较硬的材料当内芯（如"湿毡基本功法"中提到的立体塑形）。适当地选择填充物不但方便塑形，也节省用毛量，省下来的钱拿来购买较柔软的毛料，抱着玩偶的触感也会更舒适。

最受欢迎

一起做出令人
赞叹的作品吧！

一定要尝试的进阶挑战款

学会入门款后，是否发现造型可爱、充满艺术感的羊毛毡，令人爱不释手呢？

接下来的进阶挑战款，需要更多技巧，作品也更为复杂、精致。

想拥有亲手制作的羊毛毡提袋吗？跟着老师让自己变得更专业吧！

♥ 准备材料

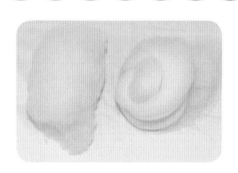

新西兰羊毛		
系列	色号	重量
无指定	白色	10g
无指定	黑色	少量

其他：专用戳针、专用泡绵垫、填充羊毛 5g、白色不织布

01 将填充羊毛卷成球状。

02 用戳针戳成椭圆形。

03 拉一些白色羊毛包在戳好的填充羊毛上。

04 开始戳刺，需整个包覆，这就是小羊的身体。

05 将白色羊毛约 4 g，分成四等份，每份约 1 g。

06 分别卷成圆柱状。

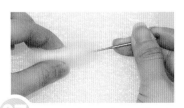

07 戳刺扎实，需留毛毛的一端不需戳毡。

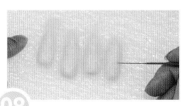

08 戳好四只备用。

09 戳出许多小圆球，直径约 1cm。

10 需 30~40 个备用。　　**11** 拉少许黑色羊毛。　　**12** 先在手上搓揉成球状。

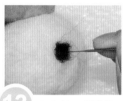   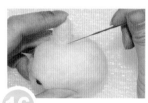

13 在身体一端先戳上一只眼睛。

14 另一边也戳上一只眼睛。

15 两边高度要一样，眼睛距离不要太大。

16 将做好的四肢连接身体，开始戳入。

  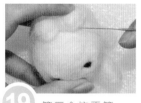 

17 四肢分别戳入，两前肢的距离与两后肢的距离要对称。

18 将第一个小圆球置于头顶戳入。

19 第二个位于第一个旁戳入。

20 依此类推依序戳入，整个身体全用小球包覆，露出脸部。

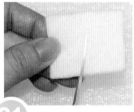 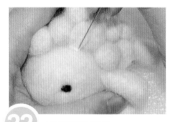

21 用白色不织布剪出两只耳朵。

22 直接戳入固定。

完成可爱羊咩咩！

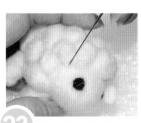 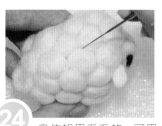

23 另一边也相同做法。

24 身体如果毛毛的，可用戳针修整。

DONE

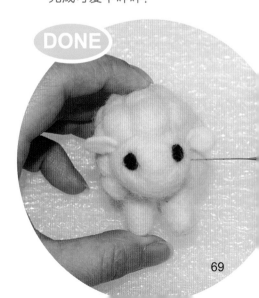

丝光面纸包
PART II

♥ 准备材料

新西兰羊毛		
系列	色号	重量
无指定	混橘色	10g
无指定	蚕丝	2g
其他：浅水盘（防溢水）、气泡纸 8 cm × 13 cm、肥皂、温水、剪刀		

小叮咛：气泡纸纸型大小，可依照自己面纸包大小进行测量制作。

01 把气泡纸放入水盘中，开始铺混橘色羊毛。

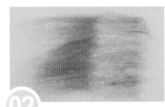

02 第一面使用 5 g 羊毛。羊毛第一层横向、同一方向排列。

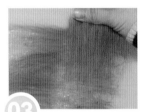

03 第二层纵向、同一方向排列。

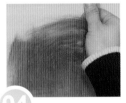

04 用经纬交织法重复铺毛。

05 最上层铺上少许蚕丝。

06 依个人喜好自由创作，随心摆放。

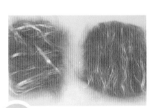

07 依照步骤 01 ~ 06 的方法制作另一面，也是使用 5 g 的羊毛。

小叮咛：第一面使用的气泡纸可以拿到第二面的羊毛继续制作！

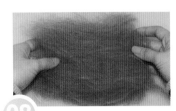

08 将第一面的羊毛翻转，蚕丝那面朝下。

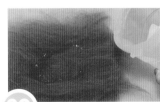

09 淋上温水浸湿。

10 双手抹上大量肥皂水。

11 用双手摩擦羊毛，并将羊毛内的空气压出。

12 表面毡化后，将气泡纸放上。

13 上方多出的羊毛向下折，包住气泡纸。

14 下方多出的羊毛，也一样包进去。

15 四边都需完整包覆。

16 将另一面制作好的羊毛铺上，蚕丝面朝上。

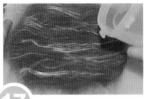
17 浸湿。

18 将羊毛内空气压出，摩擦至表面毡化。

19 上方多出的羊毛先向下折包住气泡纸。

20 然后顺势翻面。

21 三边多余的羊毛也依序包起。

22 再多抹点肥皂水毡化羊毛。

23 侧边也需毡化。

24 正反两面不断用手来回搓。

25 搓到表面的羊毛拉不起，即毡化完成。

26 用剪刀从中间剪一道约 8 cm 的开口。

27 将气泡纸取出。

28 切口和内部也要稍稍搓揉。

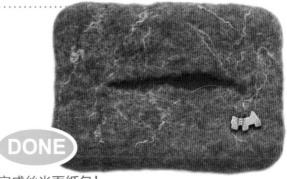
DONE
完成丝光面纸包！

71

水蓝点点小袋

by 子瑛老师 PART I

❤ 准备材料

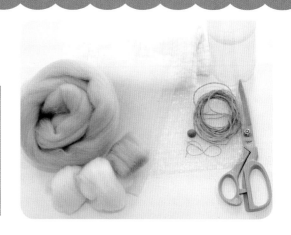

新西兰羊毛		
系列	色号	重量
无指定	2142 粉蓝色	30g
无指定	1116 白色	1g
无指定	2116 鹅黄色	1g
无指定	2144 淡粉色	1g
其他：肥皂水、剪刀、针线、粉蓝色羊毛毡球、网布、抹布、麻绳、气泡纸		

小叮咛：纸型尺寸计算方式，依成品尺寸 × 设计的毡缩比 (1.6 ～ 1.8 倍)。

01 先计算小袋尺寸并画在气泡纸上，剪出纸型。

02 将粉蓝色羊毛平均分成两份。

03 取一份粉蓝色羊毛，以经纬交织法铺到气泡纸上。

04 盖上网布，洒上肥皂水，将羊毛间的空气压出，并使羊毛均匀浸湿肥皂水。

05 翻面，将多出纸型四周的羊毛往内折。

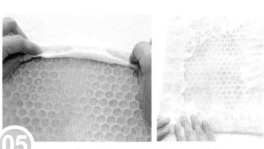

06 将另一份粉蓝色羊毛同步骤03铺在气泡纸纸型上、盖上网布、洒上肥皂水，将羊毛间的空气压出，并使羊毛均匀浸湿。

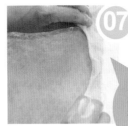

07 再次翻面，将多出纸型四周的羊毛往内折。

小叮咛：做羊毛毡的袋子，要注意将羊毛铺得均匀并将羊毛间的空气排出。

08 可将多余的肥皂水用抹布稍微吸干。

09 取一些白色、淡粉色、鹅黄色的羊毛。

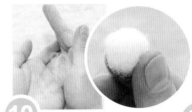

10 搓圆，让它们变成球状。

11 随意地铺在袋子的表面做造型。

12 将网布覆盖上，摩擦毡化。

13 待表面稍微毡化后，可将网布与羊毛毡一同拿起来搓揉，可加快毡化速度。

14 毡缩完成后，可用剪刀将装饰有圆点的那面剪开，侧边也各剪开约3 cm（可依个人喜好增减）。

15 将气泡纸取出，并将剪开的部分整形。

16 用剪刀为袋口盖子做修整。

17 剪一段麻绳，打上一个蝴蝶结。

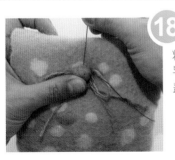

18 将粉蓝色羊毛球与麻绳一同缝在盖子上。

DONE

完成啰！

薰衣草提袋

by 子瑛老师 PART II

❤ 准备材料

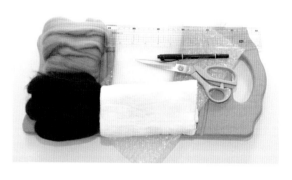

新西兰羊毛		
系列	色号	重量
无指定	1110 紫色	30g
无指定	2146 粉紫色	50g
其他：肥皂水、洗衣板、网布、气泡纸、尺子、剪刀、签字笔、抹布		

01 先计算小袋尺寸并画在气泡纸上，剪出纸型，将紫色羊毛平均分成两份。

02 也将粉紫色羊毛平均分成两份。

03 先取一份粉紫色羊毛，以经纬交织法铺在 1/3 宽度的气泡纸上。

04 取紫色羊毛，以经纬交织法铺在余下 2/3 宽度的气泡纸上。

05 两色的交界处，可铺上少许紫色羊毛，横跨两色的交界做不规则延伸造型。

06 盖上网布，洒上肥皂水，将羊毛间的空气压出并使羊毛均匀浸湿。

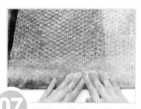

07 翻面，将多出纸型四周的羊毛往内折。

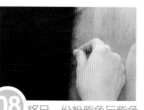

08 将另一份粉紫色与紫色羊毛同步骤 03 ~ 05 铺在纸型上。

09 再盖上网布、洒上肥皂水，将羊毛间的空气压出并使羊毛均匀浸湿。

10 再次翻面，将多出纸型四周的羊毛往内折。

11 可将多余的肥皂水用抹布稍微吸干。

12 将网布覆盖上，摩擦毡化。

13 用网布摩擦至表面的羊毛不易拨动且不粘手时（即表面毡化），可将羊毛毡袋拿起来搓揉。

14 可拿开网布，利用在手中滚动搓揉的方式，让内部的羊毛也一并毡化。

15 待羊毛毡袋内的气泡纸因毡缩移位时，用剪刀将开口处剪开。

16 将气泡纸取出。

17 在洗衣板上铺上抹布，再铺上羊毛毡。

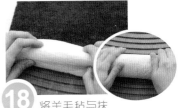
18 将羊毛毡与抹布一同卷起。

19 卷起后，开始在洗衣板上滚动。

20 纵向卷起滚动完，换横向卷起并继续滚动（此方式可让袋子均匀毡缩）。

21 将左、右边及底部有明显折痕处，用网布摩擦使折痕处不明显。

22 两个袋角也可加强整形摩擦。

小叮咛：你也可以完全不修剪，让袋口呈现自然状态。

23 将袋口不规则的边修去。

24 修剪完的边界，请用网布于修剪处做摩擦修边。

25 在袋口下方中间的位置（可将袋子对折找出中间点），剪出提手的洞。

小叮咛：提手口离袋口需要有一段距离，这样提手处才不易因承载重量太大而变形。

26 开口剪至你需要的大小即可。

27 剪开的提手处，以网布做摩擦修边。

完成提袋！ **DONE**

75

复活节彩蛋兔

by Maggie 老师

色号	重量
驼色	3g
咖啡色	适量
彩色	少许
其他：仿皮绳 8 cm	

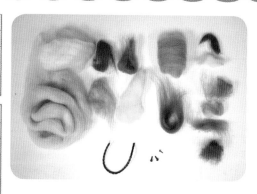

♥ **准备材料**

▶ 彩蛋篮
▼ 彩蛋兔

新西兰羊毛			日本 Hamanaka 羊毛		
系列	色号	重量	系列	色号	重量
sugar	m00 白色	12g	candy nep	508 草绿色	20g
basic	9018 藏青色	少许	solid	17 柠檬黄色	少许
其他：专用戳针、专用泡绵垫、日本 ce400 系列黑色眼睛 4mm×2、红色眼睛 3.5mm×1					

01 将白色羊毛 10 g 戳出宽 5.5 cm、高 4.5 cm、直径 5 cm 的扁圆形球作为兔子头部；取草绿色羊毛 12 g 卷成长条状，戳出高 6 cm、直径 4 cm 的柱体为身体，并将头和身体接合。

02 覆盖草绿色羊毛在头上盖色。

03 添加草绿色羊毛，将身体部分增大（上端直径 4 cm、下端直径 5 cm、厚 4.5 cm）。

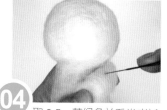

04 取 0.5 g 草绿色羊毛卷成长条状，放在手臂的位置，直接戳入身体内。

05 为了让手臂有凸起来的感觉，要从接缝处将针往手臂的方向戳进去。

06 袖口加白色羊毛做成手。

07 在绿色衣服边缘，加上藏青色羊毛线条。

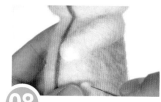

08 将柠檬黄色羊毛用手搓揉成球状，直接戳入绿色衣服上。

09 加上嘴部。先将白色羊毛卷紧成小圆球。

10 再直接戳入脸部主体。

11 接缝处可以加薄羊毛修饰。

12 用草绿色羊毛,戳出高 5.5 cm、宽 2 cm、厚 1 cm 的耳朵两只。

13 将耳朵对半弯折,重复戳内弯的地方。

14 将耳朵先用珠针固定,再戳毡融合。

15 用白色羊毛戳出长 3 cm、宽 1.8 cm、厚 1 cm 的脚掌两只。

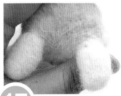
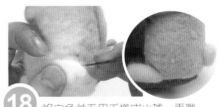

16 用珠针固定脚掌,戳毡尾端部分,并覆盖绿色羊毛加强接合。

17 接合后,脚掌剩 2.5 cm 长。

18 将白色羊毛用手搓成小球,再戳合上身体当作尾巴。

19

用锥子钻小洞后,置入眼睛和鼻子,再加上微笑线。

DONE
完成复活节彩蛋兔!

特别企划－彩蛋篮做法

01

取驼色羊毛约 3g 卷紧,戳成直径 3 cm、高 3 cm 的圆柱状。

02

将皮绳两端各 1.5 cm 放在篮子两侧,用羊毛覆盖并戳至绳子不会脱落即可。

03

将彩色羊毛卷小球直接和篮子戳在一起。

04

将咖啡色羊毛拉直线条铺成格纹戳刺。

DONE
完成彩蛋篮!

77

饭团兔

by Maggie 老师

💙 **准备材料**

日本 Hamanaka 羊毛		
系列	色号	重量
candy nep	501 白色彩点羊毛	30g
solid	307 红色羊毛片	5 cm×28 cm
solid	黄色羊毛片	2 cm×7 cm

其他：日本 Hamanaka 形状保持线材 Ks-58（18.5 cm ×2）、日本 ce400 系列 8 mm 黑色眼睛 ×2、日本 ce400 系列 4 mm 红色眼睛 ×2、红色绣线少许、白胶、锥子

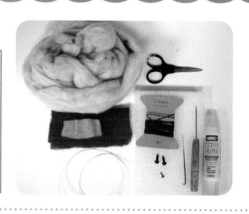

01 取白色彩点羊毛约 15 g，折成约 9 cm×10 cm 的长方形，戳刺固定羊毛。

02 利用双手捏三角形的方式，边捏塑边戳刺成三角饭团的样子。

03 羊毛卷起时旁边会有接缝，可抓取少量的羊毛修补。

04 抓取少量的羊毛，局部增加脸部正面的凸起高度（脸的厚度 3.5 cm）。

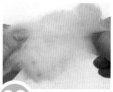

05 取白色彩点羊毛 12 g 卷成长条状（约高 10 cm），戳刺至半毡化。

06 和头接合的那一端不需要戳刺至毡化，从下端正中间处用剪刀剪开约 2 cm 的开口，直接做出两只脚的雏形。

07 先将其中的一只脚用手指紧紧捏住，用少量羊毛缠绕包覆，然后用戳针戳刺固定（修饰到看不到开口即可），另一只也同样处理。

08 两边的脚处理好后，中间开口利用稀薄的羊毛覆盖修饰。

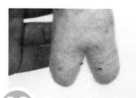

09 用身体未毡化的一端和头部接合。

10 做出两只手，与身体接合（长 4.5 cm，直径 0.8 cm）。

11 准备 18.5 cm 的线材 2 根，对折后下方开口的地方交叉卷绕约 2 cm。

12 上方约 6.5 cm，撑开成宽约 2 cm 的水滴状。

13 在线材上包裹羊毛，下方交叉的 2 cm 部分不包羊毛。

14 戳刺至毡化。接近下方交叉骨架的羊毛可以保持松散状态，之后用来接合时用。

小叮咛：因内有骨架，所以戳的时候要小心不要太用力，一感觉到有戳到硬的地方就避开，以免针断掉！

15 在头顶上方用锥子钻两个洞，距离约 3.5 cm，将耳朵下方骨架插入，用羊毛将耳朵和头接合起来。

16 准备红色羊毛片，接口处交叠 1 cm；将这交叠的部分利用戳针戳毡接合，做出一个环状的裙身。

17 将裙子套在饭团兔身上（调整至左右对称后利用珠针固定前后位置）。

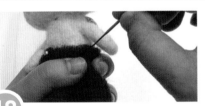

18 左右两侧均匀抓出皱褶纹路后，将羊毛片距上方约 0.2 cm 地方直接戳刺固定在身体上完成裙子。

19 再将黄色羊毛片整个戳刺在身体上。

20 在眼睛的位置用锥子钻小洞。

21 置入蘸有白胶的黑色眼睛，鼻子用红色眼睛装饰。

22 用红色绣线在鼻子下 1 cm 处横缝 2.2 cm 长的线。

23 将针转向鼻子下方穿出后，绕过横的绣线再缝回原来的针口，做出微笑的嘴巴。

24 将针再转向横线的左边针口穿出来，拉紧打结再穿回右边针口后，剪掉多余的线即可。

DONE

饭团兔完成啰！

知识广播站

学羊毛毡不能不知道的 10 个 Q&A

Q7 好希望作品可以多些层次感，可是混色羊毛好贵怎么办？

羊毛毡作品呈现出来的感觉的确与羊毛的颜色有很大的关系，可是对于初学者来说，要用较高的价格去采购混色羊毛，实在是"既期待又怕受伤害"。幸好裘西老师有独门绝技要教给大家，学会了你就更能随心所欲地创作啰！

羊毛的混色就是把两种或多种颜色的羊毛掺混在一起，混色的目的是为了让作品的色彩变得丰富，层次也会比较鲜明。市面上出售的混色羊毛颜色越来越多，但价格会比基本色稍高，所以大家也可以自己动手做。

一般来说，混色时可以用两把刷子作为混色工具，也可以利用双手来混色。前者较后者混色均匀也较省力，但后者所做出的效果并不会差太多，大家可以试试看喔。

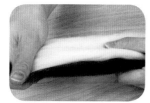

取两段不同颜色、等长等量的羊毛，上下交叠。

双手抓住羊毛尾端两侧并向外拉开。

小叮咛：往外拉的时候双手握住尾端即可，太靠近中间会拉不开羊毛，无法均匀混色喔！

将拉开的羊毛再次交叠拉开，反复动作。

直到两色均匀混合即可。

Q8 羊毛毡与吊饰链要怎么连接？

总算用针毡完成了第一个小蘑菇，好想做成手机吊饰挂在手机上，可是望着小蘑菇跟吊饰链发呆了好久，就是不知道该怎么连接才好……

羊毛毡制作完成想做成吊饰作品时，一般会以9字针或T形针（形似数字9或英文大写T的精镀后的铜针）作为羊毛毡与吊饰链之间的连接，但此方法仅适合对象较小的作品，而且作品必须扎实，否则容易脱离；如果是较大的对象，建议使用针线来固定，也可以加入散珠做成环状与吊饰链连接会较稳固。

▲9 字针

▲T 形针

羊毛毡新玩法
复合材料变变变

羊毛毡不仅可以利用针毡、湿毡做出各种作品，它易纠结的特性也使其易于与其他材料结合，变化出更多造型。裘西老师与花花老师在这个单元将继续为我们带来她们精心设计的新玩法，到底羊毛与铝线、麻布、流苏线、绣线这些复合材料相遇会迸发什么样的火花？一起来看裘西与花花变魔术吧！

铝线黑脸绵羊

首先裴西老师要示范的是用羊毛＋铝线做出羊的主体，再利用前面介绍过的特殊羊毛"美丽诺白羊毛"来呈现出绵羊软绵绵的膨膨的毛。铝线可随意弯折的特性对于做羊毛毡会有什么帮助呢？快来看裴西老师怎么做！

准备材料与工具

美丽诺白羊毛 5g	皮革 10 cm	保丽龙胶
美丽诺黑羊毛 少许	C 圈 1 个	剪刀
填充羊毛 7g	铃铛 1 个	
黑色羊毛 2g	戳针	
φ1.2mm 铝线 65 cm	泡绵垫	
φ0.5mm 铝线 15 cm	老虎钳	

01 取两段 25 cm 的 φ1.2mm 铝线，在 9 cm 处交叉扭转重叠约 7 cm。

02 再取 15 cm 的 φ1.2mm 铝线折弯成 U 形。

03 将两者扭转重叠固定。

04 铝线尾端可用老虎钳折弯，避免刺伤手指。

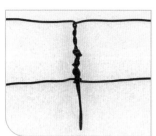

05 整体折成 H 形。

06 取 6g 填充羊毛分成两等份，先纵向包卷羊毛戳刺，再横向包卷并戳刺毡化。

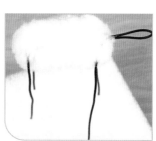

07 将作为四肢的铝线弯折，如图与身体垂直。

08 用老虎钳将四肢铝线的末端弯折成圈状。

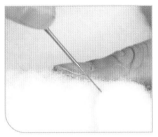

09 用少量的填充羊毛，在四肢上部塑形出腿部的形状。

10 取 φ0.5mm 铝线 15 cm，缠绕在 U 形铝线处。

11 将多余的铝线用老虎钳剪断。

12 在绵羊身体与铝线接合处补上少许填充羊毛。

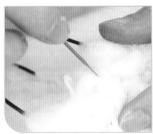

13 取美丽诺白羊毛均匀覆盖在填充羊毛上戳刺固定，装饰成绵羊的羊毛。

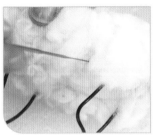

14 在腿部的地方做细部修整。

15 再将少许的美丽诺白羊毛搓揉成团，戳在身体尾端做成尾巴。

16 抓住绵羊身体前段，稍微往上折，让绵羊更有立体感。

17 再将头部的铝线稍微往下折，可做出低头的绵羊。

18 取黑色羊毛约 1g 包卷（若不加羊毛做出头部，也可做出较抽象的绵羊），戳刺出头部，再细修嘴部形状。

19 将两段少量黑色羊毛卷起后对折，戳成耳朵。

20 再取白色羊毛，在头部加上眼睛。

21 黑色羊毛点缀在白色羊毛中间，做出黑眼珠。

22 弯折作为四肢的铝线。

23 最后剪一段皮革，用保丽龙胶固定做出颈圈。

24 再用 C 圈挂上铃铛，完成可爱的黑脸绵羊。

草莓麻布发圈

看过前面可爱的黑脸绵羊，一样可爱的草莓要上场了。这次裴西老师要示范的是羊毛与麻布的结合，鲜艳的羊毛草莓毡在素面的麻布上，更能表现出草莓令人垂涎欲滴的特色。加上发圈绑在头发上成为发束，手作感与可爱感都大大加分！

准备材料与工具

麻布	戳针	水消笔
红色羊毛 少许	泡绵垫	针线
黄色羊毛 少许	剪刀	粉红色棉布
抹茶色羊毛 少许	圆规	
填充羊毛 少许	厚纸板	

 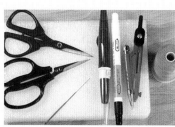

   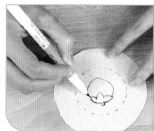

01 用圆规在厚纸板上画出直径 5 cm 的圆并剪下。

02 利用圆形纸型在粉红色棉布上剪出同样大小的圆形，再剪出直径 10 cm 的圆形麻布。

03 将圆形厚纸板放在麻布中央，用水消笔画出圆形轮廓。

04 在圆形中心画出草莓图案。

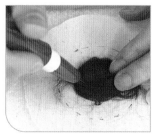   

05 取少许红色羊毛，毡在草莓的果肉部分，先戳刺中心使羊毛固定。

06 将周围的轮廓固定，之后将整体戳刺扎实。

07 取少许抹茶色羊毛做出叶子，依序做出三片。

08 将少许羊毛戳成细条状，作为草莓的梗。

09 取少许黄色羊毛搓揉成小球，戳刺固定在红色羊毛上，做出种子。

10 将表面的羊毛细丝剪去。

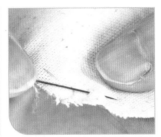

11 在素麻布背面距离边缘约2mm处，沿着圆周以平针缝上一圈。

12 轻拉缝线。

13 素麻布被拉成袋状后，将棉花填入。

14 再放入圆形厚纸板。

15 拉紧缝线。

16 可多缝几针加强，最后打结固定。

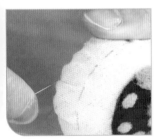

17 拉紧后的麻布会有一些皱褶，可利用缝针调整。

18 在粉红色棉布背面距边缘约2mm处，沿着圆周以平针缝上一圈。

19 拉紧缝线，调整出圆形，缝线打结固定，布扣完成。

20 将粉红色棉布放在麻布背面中央，针从侧面与布扣缝制固定做成布扣底部。

21 布扣完成后，用水消笔将原本画的圆形轮廓擦去。

22 可以用保丽龙胶固定在名片夹上装饰。

23 如图。

24 或缝上发圈，就变成可爱的草莓发圈。发圈与布扣的接合可再用不织布加强，会更牢固喔。

流苏手环

看完裴西老师的示范，接下来轮到花花老师大展身手。看到五颜六色的流苏线我眼都花了，但是花花老师却要用流苏线变出特色手环！到底流苏线要怎么与羊毛结合呢？就请花花老师来告诉大家。

准备材料与工具

黑色羊毛 10g   钩针
各色流苏线 少许   粗缝针
戳针   打火机
泡绵垫

01 取黑色羊毛，量出需要的长度。

02 可根据自己手掌的大小来测量，绕两圈后直径约是手掌宽度的两倍。

03 先将羊毛尾端固定，反复戳刺数次，使羊毛不会松脱。

04 侧边可依个人喜好修出圆滑的弧度，也可以戳成直角。

05 开始戳刺外围的平面，将其戳刺至扎实。要注意戳针戳刺的力度，尽量不要刺穿羊毛太多，以免刺伤手指。

06 一边旋转羊毛一边将内侧戳刺扎实。

07 各个角度都要戳到，羊毛的扎实度才会平均。

08 重复动作戳刺表面、里面、侧边，直到羊毛完全毡化。

09 拿出红色流苏线与钩针，将流苏线在钩针上如图绕一下。

10 将钩针以逆时针方向转1/4 圈。

11 继续以逆时针方向转完3/4 圈，钩住食指的线。

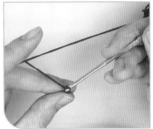

12 用钩针头拉住流苏线，钩针向后拉出，顺势使线穿过原本缠住钩针的圆圈。

13 从圆圈拉出流苏线后，重复相同动作，依自己喜欢的长度调整。

14 利用较粗的缝针将流苏线从侧边往上穿进手环中。

15 打结后剪断剩余的线。

16 线头可用打火机稍微烧过，这样不易散掉。

17 把刚刚钩好的流苏线缠绕在手环上，尽量遮住刚才的线头。

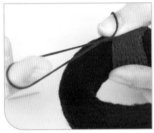

18 最后打结。

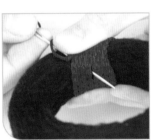

19 将缝针穿回手环内侧。

20 打上死结固定。

21 最后将缝针穿回手环外侧。

22 剪掉剩余的线，便完成了红色流苏线的装饰。其他流苏线的装饰方法亦同。

23 将各种颜色的流苏线都装饰在黑色羊毛手环上，五彩缤纷的手环就完成啰。

24 除了流苏线，也可以用亮片、水钻或蝴蝶结来装饰。开始动手做出具有个人特色的手环吧！

绣线项链

维持一贯风格的花花老师，示范过流苏手环之后，要带来更精彩的绣线项链。花花老师建议大家平常就把剩下的小段羊毛戳成羊毛毡圆球，攒下很多羊毛毡圆球的时候就可以自己加上装饰，做出另一件作品。这篇就要请花花老师示范用绣线在羊毛毡圆球上变出各种图案，请大家拿出羊毛毡圆球一起练习吧！

准备材料与工具

各色羊毛毡圆球　　　戳针
各色绣线　　　　　　粗缝针
钓鱼线　　　　　　　细缝针
羊毛 少许

01 选用粉红色绣线，穿过细缝针。将细缝针由下而上穿过蓝色羊毛毡圆球。针尖即为线条起点，针眼则为终点。

02 再次由下而上穿过圆球绣出直线，作为羽毛中间的柄。

03 以起点、终点的方式绣出羽毛两侧的纹路，如图针眼是上一条纹路的终点，针尖则是下一条纹路的起点。

04 重复相同动作即可将单边羽毛纹路完成。

05 单边完成后，另一边用相同的方法完成纹路。

06 最后打结，绣针从圆球的任一端穿出，用力拉，将线头拉回圆球中，看不见线头就完成了。

07 取另一个圆球，将穿了双线的缝针穿过球的上缘，穿出的点即为圆心。

08 将绣线绕过针下方，拉出针，完成第一片花瓣。

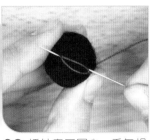

09 绣针穿回圆心，重复相同动作，可依个人喜好做出数片花瓣，尽量使花瓣间距平均分配。

10 最后将绣线从任一端穿出，打结后再从另一端将线头剪掉。

11 取另一个圆球，将绣线由下而上穿过圆球中心，再从侧边穿回圆心。

12 重复相同动作，线条或短或长，依个人喜好决定。

13 最后在圆球顶端打结，将缝针穿回圆球任一端，剪掉线头。

14 换上其他颜色的绣线，相同的步骤就可完成多色变化。

15 取另一个圆球，将缝针穿过圆球上缘，再将绣线绕过针的下方，穿出针。

16 将针穿过绣线的U形圈，再将绣线绕过针的下方，穿出针。

小叮咛：米字形图案的线条看起来比较粗，其实是因为花花老师使用了四根绣线一起绣喔。

17 重复动作，可依自己设计的图案转弯调整，最后再依照前述打结的方式，剪掉线头就完成啰。

18 米字形的绣法较为简单，只要记得起点、终点的概念就可以了。先用缝针绣出一条穿过图案圆心的直线，再将缝针穿至另一线条的起点。

19 两条线交叉，绣出十字图案。

20 转换方向，重复相同动作绣出米字形图案。

21 利用戳针和羊毛在圆球表面戳刺出圆点图案，又完成一款不同图案的圆球了。

22 创意加上想象力，快来创造专属特色的圆球吧！

23 最后用粗缝针和钓鱼线将各个圆球串起，串前记得先排列出喜欢的组合。

24 长的钓鱼线可将圆球串成项链，短的可串成手环，快来尝试丰富的变化吧！

学羊毛毡不能不知道的 10 个 Q&A

Q9 为什么我的羊毛毡作品表面总是毛毛的？

照着老师的步骤做，虽然可以把作品形状做出来，可是表面总是毛毛的，跟老师的作品比较起来就显得很粗糙，为什么老师的作品总是那么精致？

羊毛毡作品表面会有毛毛的情况出现，可能有几个原因：
★ 下针过深导致针将羊毛从另一端刺出。
★ 戳针使用过多致磨损，使羊毛无法顺利毡化。
★ 工作垫表面粗糙，使羊毛摩擦产生毛球。
★ 湿毡制作时，肥皂水的温度及浓度不够，使表面摩擦过大，羊毛纤维无法顺利毡化因而产生毛球。

如果你常常觉得作品表面毛毛的，赶快检查是不是上述的几点原因，在制作过程中就得更注意。如果最后成品还是出现毛毛的状况，可以用剪刀修剪，但最好还是在制作时多加留意喔。

Q10 羊毛毡作品该怎么保养？

不论是布偶摆饰还是袋状羊毛毡作品，好像还是会沾上灰尘等脏污，平常应该要怎么照顾它们才能用得更久呢？

羊毛毡作品的保养可以依照毛衣的保养方式来操作，下面介绍一些具体的方法。
◎平日保养
·使用材质柔软的软毛刷将羊毛毡作品表面的灰尘脏污轻轻刷除。
·羊毛制品容易因为摩擦而起毛球，可用剪刀修剪，不会影响外观及结构。
·若不小心沾污，尽快用湿纸巾去污，避免使用热水或漂白水搓揉，以防影响羊毛纤维结构。
·若遇水沾湿，请勿过度施压或拉扯，以免变形，静置通风处晾干即可。
◎洗涤说明（湿毡类适用，同毛衣洗涤方式，但不建议经常洗涤）
·用冷水清洗，可加入洗发精减少毛球产生，使用毛衣专用的中性洗涤剂。手洗时请用按压方式，尽量避免搓揉；若要搓揉，请注意力度，对没有加内里的羊毛毡制品更要小心。
·避免使用洗衣机。若要使用洗衣机，请先在袋内（不适合非袋状羊毛毡作品）放置同等大小的发泡纸，并置入洗衣袋内清洗，但仍有缩水可能。若有里袋维持形状，尺寸缩水影响较小，但羊毛毡化会更紧密。
·清洗过后，平放静置或使用无痕夹吊挂通风处晾干。若要收纳，可放入防尘袋或束口袋内密封保存。

羊毛毡也可以这样玩

羊毛毡可以做什么？除了常见的作品，想要与众不同，就要激荡脑力、激发创意！看过裘西老师的示范之后，你
一定会发现羊毛毡还有许多变化等着你动脑去发掘。在此之前，先看看裘西老师如何让人惊喜连连！

幸运羊毛皂

想过将羊毛做成羊毛皂吗？除了丰富色彩增添情趣，羊毛的摩擦力还能让肥皂更容易起泡，泡沫也更细致。不过前面的湿毡作品不是用到气泡纸就是泡沫塑料球，这次裴西老师怎么会带来一只丝袜咧？

准备材料与工具

玫瑰色羊毛 8g	托盘
紫色羊毛 少许	肥皂水
抹茶色羊毛 少许	毛巾
黄色羊毛 少许	糖果丝袜
肥皂 1 块	

01 将 8g 玫瑰色羊毛等分八份，用肥皂水浸湿。

02 将羊毛纵向包卷肥皂。

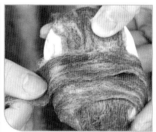

03 再将羊毛横向包卷肥皂。

04 在包卷时，可轻拉调整羊毛使其覆盖均匀。

05 重复动作，纵向、横向包卷。

06 调整羊毛避免不均匀。

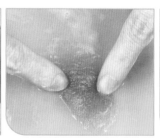

07 包卷完成后，取少许抹茶色羊毛浸湿。

08 将羊毛折成水滴形，放在要装饰的地方。

09 依序将四片抹茶色羊毛放上。

10 取少许黄色羊毛，浸湿后叠放在抹茶色羊毛上。

11 依序放置四片黄色羊毛，放置过程中要注意羊毛形状，可随时调整。

12 洒上肥皂水。

小叮咛：丝袜可以加强摩擦力，帮助羊毛毡化喔。

13 先用按压的方式轻轻搓揉装饰图案。

14 再将羊毛皂放入丝袜中。

15 放的时候正面朝下。

16 翻过丝袜，准备开始搓揉。

17 拉紧丝袜避免羊毛移位，洒上肥皂水。

18 先搓揉装饰图案。

19 再将整体搓揉毡化，直到羊毛完全贴覆在肥皂上。

20 用清水冲净泡沫，先不要把羊毛皂从丝袜中取出。

21 用毛巾轻压羊毛皂。

22 各角度都要压到，利用毛巾吸水使羊毛皂加速干燥。

23 从丝袜中取出羊毛皂，用毛巾轻压后再将羊毛皂放回丝袜中，连同丝袜一起晾干，干燥后即可取出使用。

 布咕跟你说：

1. 羊毛皂使用后要冲净、晾干，以免滋生细菌。

2. 使用过程中，羊毛会随着肥皂缩小而缩小，当肥皂用完，可以将羊毛搓揉成球，干燥后将留存肥皂香味的羊毛球放入纱布袋中，可当作香氛袋使用喔。

向日葵时钟

羊毛毡居然也能做时钟？这次蓑西老师使用了湿毡的立体塑形技法，让羊毛毡变成了暖暖的向日葵时钟。利用立体包覆塑形的方式可以让羊毛变出更多花样喔，快来看蓑西老师怎么做！

准备材料与工具

珍珠板	白色羊毛 少许	方形容器 1个	量角器
黄色羊毛 10g	泡沫塑料 1块	戳针	切圆器
草绿色羊毛 5g	时钟组 1组	泡绵垫	保丽龙胶
抹茶色羊毛 2g	φ1.2mm铝线	老虎钳	塑料手套
橘色羊毛 5g	240cm	美工刀	
黑色羊毛 少许	绿色纸胶带 30cm	剪刀	
红色羊毛 少许	贝壳砂 1包	锥子	

01 按纸型（见118页）在珍珠板上画出14个纸型图案（12片花瓣及2片叶子），并用美工刀裁切。

02 裁切2个直径约9.5cm的圆形珍珠板，并在圆心处用锥子穿洞。

03 将12片花瓣图案的珍珠板先纵向再横向平铺黄色羊毛，洒上肥皂水后轻压将羊毛完全浸湿。

04 翻至背面将多余的羊毛折入。平铺羊毛，洒上肥皂水轻压。

   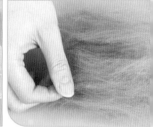

05 翻至正面再铺一次（正面铺毛共两次，背面一次），此时可将多余羊毛按珍珠板形状剪除或往背面折入。以同样方法取抹茶色羊毛做出两片叶子。

06 适时调整羊毛使其分散平均。

07 戴上手套，倒入少许肥皂水开始搓揉。

08 取草绿色混色羊毛及橘色羊毛各5g，同上述方法，包卷圆形珍珠板做出2片圆形羊毛片。

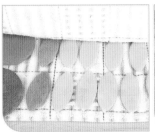

09 搓揉毡化后，用清水冲净，并用毛巾压干。

10 用小剪刀在 2 片圆形羊毛片圆心处剪出十字，并用锥子穿刺。

11 以绿色圆形羊毛片当底部，将 12 片黄色花瓣羊毛片以量角器测量。整齐摆放后，用保丽龙胶依序粘贴固定。

12 将橘色圆形羊毛片涂上保丽龙胶，对齐绿色圆形羊毛片粘贴固定。

13 从背面将时钟机壳对准圆心插入，放上挡片螺丝帽固定。

14 翻至正面以先时针后分针再秒针的顺序组装。

> 小叮咛：组装时三根针要一同对准 12 点位置，不然时间会不准喔。

15 取两段 120 cm 长的 φ1.2mm 铝线，各于40 cm 处弯折扭转，再对折扭转。

16 将扭转后的铝线包卷上绿色纸胶带（末端约8 cm 不卷胶带），备用。

17 取少许红色羊毛，在叶片上戳刺固定成立体半圆形。

18 加上黑色羊毛做成瓢虫头部。

19 加上眼睛及身体上的黄点。

20 扭转两条包裹胶带的绿色铝线，此为向日葵茎部。将两片叶片用保丽龙胶分别固定于茎部。

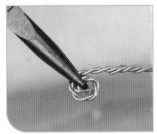

21 取一块长、宽均 5 cm 的扁泡沫塑料，在中心处用锥子穿洞，将茎部末端未包裹胶带段插入泡沫塑料，最末端用钳子弯成圈，并用保丽龙胶固定。

22 取一段铝线从泡沫塑料沿着茎部往上绕，可加强支撑。

23 将茎部与花朵先用胶粘贴接合，再取少许草绿色羊毛，置于接合处戳刺毡化，遮住铝线并加强固定（亦可先用针线固定）。

24 将做好的羊毛毡向日葵茎埋入玻璃容器中（可先用胶将向日葵底部的泡沫塑料粘贴固定在容器底部），倒入贝壳砂就完成了。装上电池就可使用。

招财猫扑满

看到白白粉粉的猫掌在向你招手，是不是感觉到财源滚滚来？裴西老师把招财猫做成扑满造型，让招财猫不仅象征好运气，还很踏实呢！想要拥有招财猫扑满，塑形可是很重要，仔细注意裴西老师的做法与叮咛喔。

准备材料与工具

白色新西兰羊毛 48g（猫身及招手猫掌用）	填充羊毛 少许	接合栓 1 组	擀面杖
	咖啡色羊毛 少许	气泡纸	剪刀
白色新西兰羊毛 少许（抱金币猫掌用）	金黄色羊毛 少许	戳针	锥子
红色羊毛 少许	黄色羊毛 少许	泡绵垫	泡沫塑料球
	软木塞 1 个	托盘	针线
粉色羊毛 少许	铃铛 1 个	肥皂水	毛巾

01 将 40g 白色新西兰羊毛分成八份。先取一份羊毛以纵向平铺于气泡纸上，再取一份横向平铺。

02 加入温热肥皂水，用手轻压将羊毛浸湿。将羊毛连同气泡纸翻到反面，将多出气泡纸的羊毛往内折入。

03 再取两份羊毛在反面同上述做法操作。

04 正反两面重复铺毛共进行四次纵向及横向重叠，最后一次可将多出来的羊毛剪去。

05 先沿着边缘轻轻搓揉，再由外而内画圈往中心搓揉。

06 搓揉完成后，于顶部各距两端 5cm 处剪出开口，取出气泡纸。

07 搓揉修剪处及内部。

08 将直径 7cm 的泡沫塑料球放入，利用泡沫塑料球搓揉、塑形出底部，再塑形出躯干的弧度。

09 取出泡沫塑料球，徒手塑形猫耳朵，将整体塑形至高约11cm，底部尺寸约9cm×11cm，耳朵三边尺寸约3.5cm×3.5cm×4cm。

10 塑形好的底部中间剪出约1.5cm的十字开口，轻轻搓揉修剪处。

11 另按招手那只猫掌的纸型（见118页），将8g羊毛分成八份，先纵向再横向平铺羊毛，正反两面铺毛共四次，纵向、横向重叠后，沿着边缘轻轻搓揉。

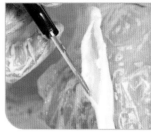

12 从一边剪出约5cm开口，将气泡纸取出，搓揉修剪处及内部。搓揉毡化至宽约4cm，长约9.5cm。

13 将肥皂水冲洗干净，用毛巾轻压拭干，再用熨斗整烫，静置晾干。

14 取少许粉色羊毛装饰耳朵，再取少许黄色羊毛装饰嘴巴，加上粉色鼻子。

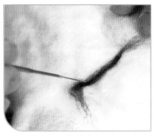

15 以咖啡色线条做出眼睛，红色线条装饰成颈圈。

16 取金黄色羊毛，做出椭圆形金币。

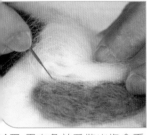

17 用白色羊毛做出抱金币猫掌后，再以咖啡色线条装饰金币。

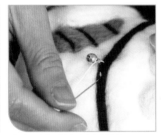

18 在颈圈上缝上铃铛。

19 决定招手猫掌的位置后，用锥子在猫掌开口端刺洞，装入挡片与接合栓。

20 填入棉花，并将开口缝合。

21 取少许粉色羊毛，装饰出肉垫部位。

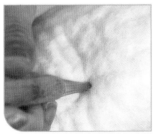

22 在猫身的猫掌接合位置用锥子刺洞，将猫掌装上，并装上栓帽。

23 用针线缝合头顶开口处两端，仅留约3cm开口。

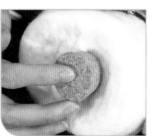

24 再将软木塞塞入底部十字开口。招财猫扑满完成。

利用羊毛毡点石成金的魔法！

私物升级 DIY

羊毛毡是一种韧性很强、塑形力很好的天然材质，非常适合与其他的材料混合运用，这里要分享给大家的，就是要让看起来普通或者已不再使用的物品，利用羊毛毡进行大改造，除了可以发挥自己的创意，也能省下不少钱！现在就跟着老师，创作出设计感十足的实用小物吧！

羊毛毡手作达人——
创意十足的 Awa 老师

Awa 是服装设计师，因为剧场服装的特殊需求，经常利用不同的材料完成作品，对于旧物的再利用相当熟稔。喜欢羊毛 100% 纯天然的质感，而最让她着迷的是，羊毛的颜色像魔法师般，随心所欲就能创作出各式亮丽特殊的作品！

现任 / 再拒剧团服装设计

学历 / 台湾师范大学表演艺术研究所
（剧场设计组）

个人博客
http://www.wretch.cc/blog/awawa

常备工具

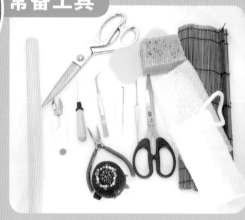

寿司帘、气泡纸、沐浴海绵、沐浴刷、布剪刀、剪刀、纱剪刀、镊子、锥子、尖嘴钳、珠针、刺绣针、戳针、擀面杖

❈ 准备材料

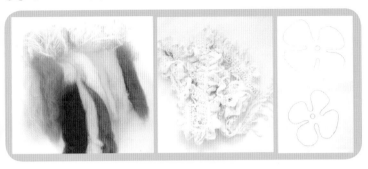

新西兰羊毛		
系列	色号	重量
无指定	26 鲜黄色	5g
无指定	14 饼干色	5g
无指定	25 橘红色	5g
无指定	38 橘子色	5g
美丽诺	NM11 草莓红	5g
无指定	41 粉红色	5g
无指定	31 绿色	5g
无指定	36 草绿色	5g
无指定	29 蓝色	5g
无指定	7 天空蓝	5g

其他：素色围巾、纯羊毛线、白色的六号绣线、塑料片、塑料薄片

01 在塑料片上画出花朵图案，大小各一朵，用剪刀剪下。

小叮咛：塑料片可用透明资料夹代替喔！

02 纵向地在花朵塑料片上铺上羊毛，洒上肥皂水。

03 盖上塑料薄片，用海绵推平，拿开塑料薄片。

04 横向地在花朵塑料片上再铺上一层羊毛。

05 再利用塑料薄片和海绵将花朵推平并翻至背面。

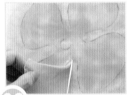

06 拿开塑料薄片，将花朵塑料片花瓣间隙处的羊毛用剪刀剪开。

07 将多余的羊毛片沿着花朵塑料片轮廓内折平铺，使花朵显形。

08 用海绵将花朵推平。

09 半毡化后，取出花朵塑料片。

10 再利用塑料薄片及海绵将花朵推平，使其完全毡化。

11 毡化后，用剪刀修剪毛边。

12 将花朵上的肥皂用水洗干净，再用熨斗将花朵烫平。

13 同法制作出所有花朵，并将同色系的大小花朵配置成一组。

小叮咛：花朵的配色以同色系的深浅搭配较佳，使花朵富层次感。

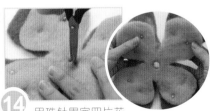

14 用珠针固定四片花瓣，再用剪刀前端垂直将花中心剪开。

15 用白色的六号绣线将同色系的大小花朵固定四点缝合。

16 将线头藏在小花朵的背面。

17 将所有同色系的大小花朵固定四点缝合。

⑱ 羊毛毡花朵片制作完成。

⑲ 把两条纯羊毛线穿过素色围巾，在尾端处打结。

⑳ 将围巾穿过羊毛毡花朵片。

小叮咛：素色围巾中间穿一条纯羊毛线，让羊毛毡花朵与围巾更有系列感。

㉑ 冷暖色系各分一组。

㉒ 围巾穿过花朵片调整长度之后，将围巾尾端处打结。

DONE

花朵围巾即完成！

Awa 老师 之二 球球项链

❀ 准备材料

新西兰羊毛		
系列	色号	重量
无指定	18 灰色	3 g
无指定	31 绿色	3 g
无指定	36 草绿色	3 g
无指定	19 猕猴桃绿	3 g
无指定	3 橄榄绿	3 g

其他：原木项链一条、金色花帽、9 字针、斜口钳、尖嘴钳

① 用手将羊毛条拉直铺平成片状。

② 先将羊毛卷成球状，再用针毡法毡化成羊毛球。

③ 将羊毛球放在项链皮绳上，设计配色并预留空间接合。

小叮咛：羊毛球的颜色尽量与要改造的项链同一色系，这样较有整体的设计感。

④ 先将 9 字针穿入花帽。

小叮咛：9 字针的针长一定要长于羊毛球的直径，可以买长一点的，日后方便使用。

⑤ 再将 9 字针穿过大的羊毛球。

⑥ 将多余的针长用斜口钳夹断，尾端以尖嘴钳夹成小圈使固定。

⑦ 将 9 字针穿过同色系的小羊毛球，先将多余的针长用斜口钳夹断。

⑧ 尾端再以尖嘴钳夹成小圈，与花帽上的字针头接合。

⑨ 重复以上动作，使所有的羊毛球互相接合。

⑩ 羊毛球项链完成了。

⑪ 最后将羊毛球项链上的 9 字针头与原木项链上的环扣夹合。

DONE

大地色系的球球项链制作完成。

✳ 准备材料

新西兰羊毛		
系列	色号	重量
无指定	30 青绿色	60g
无指定	22 桃子色	60g
其他：毛线帽、纯羊毛线、咖啡色的六号绣线、白色的圆蜡皮绳、原木平扣、寿司帘、针线		

01 整理羊毛条，用手将羊毛条铺平。

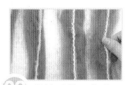

02 将羊毛条平分成两条，再把毛线置于羊毛条的中间。

03 在羊毛条上面均匀洒上肥皂水。

04 将羊毛条置于寿司帘上。

05 用寿司帘按压羊毛条并来回摩擦毡化。

06 把握时间，尽量让四条羊毛条同时毡化成长条状，以免毡化不同步造成羊毛条长短不一。

07 注意：要将羊毛条的尾端来回摩擦成尖条状。

08 毡化之后，把不同色的羊毛条尾端处打上双结，以固定住一端。

09 再将不同色的羊毛条以麻花卷的方式旋转缠绕。

10 旋转缠绕到底，于尾端处打上双结固定整条麻花条，使其牢固不松开。

11 双色的麻花手提带制作完成。

12 将咖啡色的六号绣线穿过三号刺绣针。

13 用绣线在麻花卷尾端双结处圈绕两次。

14 打结固定，收线。

小叮咛：
1. 羊毛条的选色，可以参考毛线帽上的对比色，这样较有整体感。
2. 麻花卷在缝合时注意位置要对称，长短要相同。

15 找到适当处，用珠针将双色麻花卷固定。

16 用绣线回针缝，使毛线帽和麻花卷缝合固定。

17 用珠针在扣子的位置做记号，以白色的圆蜡皮绳穿过原木平扣，缝合固定。

18 白色的圆蜡皮绳要来回穿过原木平扣两次，才会更加牢固。

19 取适量的两条羊毛线，套过原木平扣准备缝合。

20 将羊毛线打上双结。

21 用绣线在毛线尾端双结处圈绕两次缝合，使毛线固定。

DONE

毛线帽改造成功，变身麻花提包，容量大又实用！

101

✖ 准备材料

小叮咛:
1. 制作羊毛毡腰包适宜选择细条的皮带。
2. 羊毛的选色与皮带同色系较有整体感。

新西兰羊毛		
系列	色号	重量
无指定	14 饼干色	20g
丝光美丽诺	2 桑葚色	25g
丝光美丽诺	4 杂褐色	5g

其他: 皮带一条、咖啡色皮绳、咖啡色的六号绣线、白色的圆蜡皮绳、腰包塑料片、塑料薄片

01 将桑葚色的羊毛纵向铺在腰包塑料片上。

02 盖上塑料薄片,用海绵推平。

03 翻至背面,将多余的羊毛片往后平铺,沿着腰包塑料片使腰包袋显形。

04 将桑葚色的羊毛纵向铺在腰包塑料片上。

05 在塑料片的袋盖位置再铺一层。

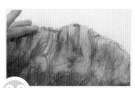

06 沿着塑料片用手整理使腰包袋盖口显形。

07 将桑葚色的羊毛横向铺在上面,接着在腰包袋位置(正面和背面均铺)以经纬交织法铺上饼干色的羊毛。

小叮咛:特别注意,袋盖上不铺饼干色羊毛。

08 在塑料片的袋盖位置用杂褐色的羊毛纵向再铺上一层。

09 盖上塑料薄片,用海绵推平。

10 沿着塑料片用手整理使腰包袋盖口显形。

11 再横向铺一层杂褐色羊毛。

12 腰包毡化后,取出塑料片。

13 将腰包上的肥皂用水洗干净,再用熨斗烫平。

14 取杂褐色的羊毛,用针毡法制作羊毛球。

15 将咖啡色皮绳取羊毛球直径长度围成一圈打上双结。

16 珠针标示位置,以咖啡色的六号绣线将皮绳结与袋盖缝合。

17 将羊毛球以珠针固定,再以咖啡色的六号绣线将羊毛球与腰包缝合。

18 将白色的圆蜡皮绳打结穿过皮带上的洞,把线头藏在里面。

19 来回缝两次与腰包缝合。

20 腰包正面的缝合是来回缝两次。

21 腰包背面的缝合是一次喔!

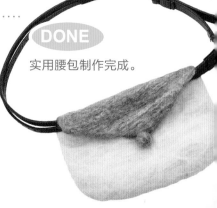

DONE
实用腰包制作完成。

超卡哇伊新作抢先看！

|起热烈讨论的 12 大名师
创意作品大特搜

质感柔软、色彩缤纷的羊毛，只要通过一点小技巧，就能自由自在地创作出实用可爱的物品。可塑性极强的羊毛，也因此迅速受到大众欢迎。

来自台湾的 12 位羊毛毡名师，让羊毛毡处处充满意想不到的惊喜，就让我们来分享她们最引以为傲的作品吧！

裘西

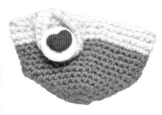

聊天的时候爽朗大笑，做作品的时候细腻地关注每个环节，我看到裘西老师的亲切，也看出她对羊毛毡的坚持。在她接触羊毛毡手作的历程中，大部分都是看书自学，再从中加以变化、加入自己的想法。裘西老师说："这些日本工具书，大概就是我最大的有形资产吧，哈，日文书真的好贵！"但因为羊毛毡是容易得到成就感的手作，在过程中得到满足，裘西老师才能开心地继续向前。两年来，裘西老师不仅慢慢掌握羊毛毡手作的诀窍，也从中得到不同的体悟。

把自己的作品放到博客上与大家分享，是近年来手作交流的一大管道，同时也给手作者更多成功的机会，裘西老师便是其中一个。原本只是希望通过网络与大家交流，没想到却因此成为教学老师。"原本停滞不前的人生，却因为羊毛毡而缓缓迈进。我从来没想过有一天可以跟出版社合作、可以教学，机缘真的很奇妙。"裘西老师谈起这些改变，觉得很幸运，也很高兴能够将作品与更多人分享，当然也就要做出更多的好作品啰。而好作品需要的灵感，则来源于对生活事物的领略。"有时候也会遇到工具、材料放在桌上却毫无灵感的情况，但我不会强求，只要灵感一来，我就会抓住不放。因为很多事情都要做了才知道，如果不去做，机会就会留给其他人。"

为了让灵感能够源源不绝、作品更有变化，裘西老师也喜欢利用其他材料与羊毛毡结合，做出独一无二的作品。"可能因为我在创作方面是个贪心的人吧，什么都想学，之前学串珠、铝线，现在学服装制作，学无止境嘛！"大概是因为这样，多方学习的裘西老师让羊毛毡不只是羊毛毡，也让大家对她有更多的期待。除了结合其他材料，裘西老师还希望能做更多的事。"针毡的过程需要高度专注力，因此能达到平静心灵的效果。我希望有机会可以和公益团体合作，让有心灵创伤的朋友借由羊毛毡得到抚慰。"不仅如此，裘西老师期冀未来的作品能更多地结合环保、人道关怀等主题。"能做自己想做的事，就是最大的幸福，希望社会上有更多人也得到幸福。"

期待裘西老师的愿望早日实现，大家都幸福喔。

勇敢的兔子刺猬朋友

兔子以坚定的眼神，不畏艰难地向前迈进，一定会有什么是值得去努力的。它或许是湛蓝的天空、美丽的晚霞，或许是好友的陪伴。

勇敢的兔子说：让我们一起加油。希望每个人看见兔子坚定的眼神，也能变得勇敢。

鸟语·花香

每一天，带来幸运的青鸟都会从远处飞来，为人们歌唱。鲜艳的玫瑰，散发出怡人的香味。鸟语与花香疗愈平静了人们因世俗烦恼而纷扰的心。

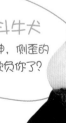

波士顿斗牛犬

无辜的眼神，侧歪的头，是谁欺负你了？

绵羊守护者

绵羊提着能带来恋爱好运的粉水晶玻璃罐，瓶中的幸运石散发出微微的光芒，能在黑暗中为人们指引道路。绵羊有着温柔的脸，是可靠的守护者。

这些作品都是裘西老师用针毡的技巧做的。栩栩如生的秘诀在于针毡的戳针掌握，跟着裘西老师一起多练习就可以喔！

裘西老师

105

花花

用鲜艳的配色做出吸引人目光的作品，是花花老师的独门风格，也是她在很短的时间内就受到注目的主因。花花老师说："我在音乐教室教小朋友弹钢琴，习惯在身上佩戴许多华丽的饰品吸引小朋友注意。在接触羊毛毡前我也有用不织布做了各个音阶的玩偶，对教学有很大的帮助。但不织布局限在平面创作，偶然看到羊毛毡可以做出立体作品，我马上就买了材料包回去试，没想到就做出兴趣来。"

平常利用教课的空当摸索做法、上网找数据，经历过用错针、买错工具，以及花比别人多二到三倍的时间完成作品的事情，虽然辛苦，花花老师却越做越有心得，不仅作品日渐成熟，连原本喜欢逛街买饰品的钱也省了下来。"一开始是因为一有空就忙着做羊毛毡，都没时间逛街了。后来发现羊毛毡也可以做出许多饰品，不仅省钱，还能自己设计出专属款式！"说到饰品，花花老师的眼神突然充满光彩，原来作品常有鲜艳配色的花花老师，连身上佩戴的饰品也是同一种风格。"说起来这种风格是有点夸张，大多数人都不敢尝试，不过这就是我的特色啊。做手作就是要做出自己喜欢的东西，看着自己的作品时，心情就会很快乐。"用这样愉快的心情在做羊毛毡，难怪花花老师的作品个个都充满了朝气与活力。

平常除了注意其他老师的羊毛毡作品、阅读网络与杂志信息外，花花老师也会观察金工、印章、贴纸等其他手作类作品，想象这些造型是不是也能用羊毛毡来做，"常常这样思考，灵感才会源源不绝，也能帮助自己进步"。花花老师持续贯彻"从平面到立体"的概念，再加上勇于尝试的精神，让她充满个人特色的作品越来越受到欢迎，未来也希望能推出作品集。"搜集资料的过程中，发现台湾很少羊毛毡的作品集，几乎都是教学为主的书。我觉得不同的学习阶段有不同的需求，刚接触的人可以参考教学类的书打好基本功，接触较久的人就需要作品集来激发灵感。"花花老师目前正在努力累积作品，期待有一天，我们也能看见花花老师带给大家更多的惊喜！

⑨ 琴键口金包
原本黑白的琴键变成
彩虹了！不知道学音
乐的小朋友会不会更
喜欢弹钢琴呢？

秋天小袋
柔和的美丽渐层，仿佛真的看到枫
叶落下，闻到了秋天的气息呢。

点点万用袋
同样的装饰却蕴藏着两种不同
的情感，明亮鲜艳的颜色闪耀
着，走到哪里都是最吸引人目
光的那一个。

花朵手机袋
最简单的有时就是最美丽
的，握着手机，我的心里
也开出一朵花。

日本和风提袋
咖啡色与粉红色混合，让
提袋透着淡淡的雅致，像
是春天穿着和服的少女。

和裘西老师的针毡作品不同，这
些作品都是花花老师用湿毡技巧
做成的，湿毡能做的东西还有好
多好多呢！

Angela

针毡小物让你爱不释手，湿毡毛袋实用功能佳。

在一次偶然的机会接触到羊毛毡，便一头栽入，喜欢它的简单工具，只靠一根专用戳针，就可以随心所欲地创作，且不需有缝纫技巧，完全是一体成形！羊毛毡的传统手工技艺，欧洲、日本风行已久，Angela 努力推广羊毛毡手作，让有心想学习羊毛毡的朋友们，能更了解这项有趣的手艺。现任新竹清华大学自强基金会羊毛毡课程教学老师、文化大学推广部羊毛毡课程教学老师。

你可以到这里与老师交流：
http://tw.myblog.yahoo.com/angela1010.tw

萝卜公主兔

属于进阶课程有骨架的羊毛毡技法，可做大型玩偶。把白色兔子做成拟人化的动物，穿上也是羊毛毡做成的粉红色蓬蓬蕾丝裙洋装，还有超可爱的公主袖，手上拿着爱吃的红萝卜，准备坐车出游啰！

温暖室内鞋

采用湿毡技法：铺毛→水洗→毡化→塑形→晾干→图形设计。制作一双属于自己的合脚的室内拖，上面刺上小蘑菇及刺猬，仿佛在森林中游戏一般，不管多寒冷的冬天穿上它，保证脚舒服又温暖，感觉很幸福喔！

彩色叮当羊

羊毛用在羊身上，做个可爱的羊公仔，100%"羊毛"制作，浓密的毛铺在羊儿身上，利用段染的羊毛条，增添一些缤纷色彩，一层一层感觉真温暖，红、紫、黄、棕四个羊家族，都各有特色喔！

金晶

将创作融入自己的生活，显现我的生活态度与价值观。

艺专毕业后，从事雕塑工作15年，将创作融入生活，进而延伸到我的创作艺术。羊毛毡是一种古老的材料，技巧并不难，而其中的巧妙在于色彩学、立体造型与功能性的运用，每个环节的细腻统合，让人与物之间产生一种微妙的互动。我从没想过教学这块，但接触之后，反而确立了自己的方向，这也是个人创作无法体会的，真是出人意料之外。人的优势不在创意，只要在生活中不停止学习，拥有专注力、情绪、感性、直觉并让人印象深刻就能更上一层楼。

你可以到这里与老师交流：
http://blog.yam.com/feltmylove
http://tw.myblog.yahoo.com/feltmylove-2000

湿毡笔袋

不要舍弃中国风，因为那是我们最擅长与熟悉的艺术文化。用湿毡技法做袋状物，外加针毡技法进行装饰，是我认为最舒服的创作方法，那是一种画画的感觉，可立体可平面，并且利用羊毛本身来表现色彩，由这样的风格展现自我，是最直接与美好的！

针毡猫咪

先从骨架做起，加上肌肉、皮毛纹路，五官部分要注意眼神，因为那是与人互动的焦点。不论做任何动物都要先观察，结构对了，形态就会正确；在架骨架前，画一下素描或草图，并且收集资料，这是制作立体羊毛毡动物的好习惯，也会使成功概率大大提升。

湿毡人物

人类的骨架与动物不同之处在关节、肌理与转折，羊毛毡人物的难度在人的比例，所以骨架要抓对比例。建议先从可爱的Q版开始练习，因为可以夸张表现人的特质；等到技巧熟练之后，就可以开始制作基本型，尽量以身边的人当作素材，因为平面照片与立体人物不尽相同，表现出来的感觉也会有差异。

Q 妈

手作的爱 × 地球环保 × 舒适创意。

透过对手作的爱，一点一滴将温暖的心意传达至每一件作品中；尊重天然、取羊毛作为材料的羊毛毡，是一种善用资源、爱护环境的创意手作。我的作品的设计概念来自"人"与"生活"，作品具有实用性与机能性，是我在创作时重要的考虑，期望对羊毛毡有兴趣的朋友们，能发现羊毛毡的乐趣并且能与生活紧密结合。

你可以到这里与老师交流：
http://tw.myblog.yahoo.com:80/wyh571201/

黑色大提袋

这个作品比较内敛，暗色系皮革提手，利用甘地棉做出花朵，并在上面点缀些水钻，中间多了一个口袋增加实用性，上班或者逛街都可使用，也非常好搭配衣服！

猫咪&苹果室内鞋

苹果绿有小猫的是小孩的鞋，保暖、无人工材料，有点凉的季节让小朋友套上，既舒适又温暖。苹果造型的是我的鞋，一个苹果剖成两半，对比的配色，非常吸引人注意喔！

兔子零钱包

将现在流行的口金包搭上羊毛毡，毡上一只小兔子，就像身处于童话故事一般，看看吊链的部分，一只大大的胡萝卜也很有个人特色喔！

Maggie

羊毛毡守则：毅力是必需，耐心是必备。
想要做得好，就是多做实验。

意外地接触这项古老的手工艺后，就深深地爱上它。刚开始把这好玩的手工艺介绍给朋友认识时，大家总是一脸疑惑："羊毛毡？这是什么东西啊？"最初知道的人真不多，但只要玩过的人就会爱得不得了，因为它真的很简单。只要学到基本的制作方法，就可以延伸出非常多东西，也不用担心因为做错一个步骤就使得整件作品都失败，羊毛毡就是随心所欲，想怎么戳就怎么戳，想怎么搓就怎么搓！

你可以到这里与老师交流：
http://tw.myblog.yahoo.com/maggieho8227

小狮王

驼色羊毛 5 g、白色羊毛适量、深咖啡色羊毛少许、自然原毛适量，这些是构成小狮王的材料。取 4 g 驼色羊毛戳一个直径 4 cm 圆球，白色羊毛卷紧……完成之后，加上吊环的小狮王，不管挂在手机或者包包上都很可爱喔！

戒指

这款是用进口羊毛和玻璃管珠搭配而成的戒指，颜色是大女孩会喜欢的稳重色系，上面的玻璃管珠增加戒指表面的亮泽度，戴在手指上散发出低调的光芒！

口金小包

粉红色及粉紫色羊毛各 10 g、8 cm 口金，将羊毛每色各分四等份，利用圆形纸型铺好羊毛，包网布搓揉至半毡化，最后缝上口金及蕾丝等装饰，就制作出温暖轻柔的甜甜口金包啰！

豆子
羊毛毡作品风格多变，温柔可爱又有气质！

豆子，女生一枚，羊毛毡作品多以针毡为主，湿毡当然也会做啦！
羊毛毡作品风格多变，温柔可爱又有气质。可随自己的意思配色和
雕塑，是豆子爱上羊毛毡的原因。

你可以到这里与老师交流：
http://tw.myblog.yahoo.com/douzizizi-feltmaking

灰狗该该

灰狗该该只有掌心大，该该虽然不会叫，但我的书桌是它的管区，
帮它戴上小花项圈表示它可是有主人的喔！大头小身体的比例，
让该该看起来更卡哇伊；该该的四肢用细铁丝做骨架，不只让它
能站着，还能站得稳；只用手随意将白色和铁灰色的羊毛混色，
不均匀的毛色，用在狗狗身上反而感觉自然！

圣诞节便笺夹

圣诞玩偶不只是玩偶，多加一点其他材料，就变得更不一样，
这一系列的便笺夹就是这样来的。我自己最喜欢的是中间的那
一组，名叫"麋鹿宝宝迷路了"。玩偶的部分是用全羊毛做的，
搭配软木片、铝线等，就是一个有情境的便笺夹啰！

日式甜点

看过摆在玻璃柜里的日式甜点吗？好看到
让人舍不得吃！用羊毛做出喜欢的甜点，
有好吃的感觉又可以欣赏很久。用羊毛毡
雕塑出来的甜点，跟日式点心外观很相似，
圆润的曲线和梦幻的颜色，这也是很多羊
毛毡作品的特色噢！

橘子

手作的时光，缓慢而悠闲，
喜欢享受缓慢时光的流动，是最为感动的时刻！

橘子接触过各种不同形式的手工艺制作，欣赏手工创作上的无限可能！而接触羊毛毡已近五年时光，仍对其几种色料即能产生多元的大变化的特性深深着迷，无论是衣服、鞋子，还是包包、帽子等，不分任何场地、使用方式，羊毛毡可以制作的东西真是千变万化。而羊毛毡究竟还有多少的可能性呢？期待着各位与橘子一起来发掘！

你可以到这里与老师交流：
http://tw.myblog.yahoo.com/orange-rang

独一无二羊毛毡复合材料手提包

湿毡技法，需要细心地搓揉，小心地呵护所添加的复合材料——立体缎带花，提前考虑到羊毛相互纠结毡缩的特性。羊毛毡就是要不一样，让独特的你，制作属于自己的不一样的羊毛毡手提包，怎么提都很别致！

温暖掌心的暖暖水杯套

湿毡技法，一层一层又一层，细细地铺上各种不同颜色的羊毛，当手中握着自己完成的羊毛毡水杯套，心里有说不出的温暖，这份喜悦是手作所带来的享受！真是要好好享受这份手作的悠闲时光。

趁着有阳光的午后，
羊毛毡们一起晒太阳去

针毡技法，一针一针，细细地戳出我的小宠物。喜欢大自然的你，趁着有阳光的午后，拉着自己的羊儿们晒晒太阳，好好地享受太阳公公的温暖，好好地欣赏风景，晒太阳的时间真好！

113

羊太

羊太的创作是一个充满童趣的小王国！

像个披着女孩皮的男孩，羊太没有甜美的嗓音、柔顺的个性，她是个爱偷偷哭、爱呵呵笑、爱吃美食、爱趴趴走，更爱羊毛毡的女孩。羊太的创作是一个充满童趣的小王国，利用天然的羊毛毡材料，用缤纷亮丽的色彩点亮我们疲惫的双眼，自然手作的小花、可爱俏皮的大眼蛙都将成为陪伴我们心灵的好朋友。在这个欢乐的创作国度中，大家会再次感受到小时候的童心趣味。

你可以到这里与老师交流：
http://tw.myblog.yahoo.com/felt_playground

圣诞树

记得小时候总是期待圣诞节到来，每次圣诞节来临前，羊太的妈咪都会带羊太跟弟弟采购装饰品，搬出圣诞树挂上小礼物、小袜子、小拐杖，还不忘在最上面摆颗金光闪闪的大星星，并在夜晚点起一闪一闪的霓虹灯，闪烁着红的、绿的、蓝的光。长大了，圣诞树也因为搬家不知落到哪去了，不过对圣诞节的小小记忆，一直深植心中无法抹去。我想羊毛毡制作的圣诞树毛巾架，是对儿时记忆最好的回应！

拼拼乐隔热垫

羊太想设计四个杯垫，并且可以拼出一个大锅垫，成为一个多用途的隔热垫，没想到第一次尝试制程放大，成品竟然变成四个大锅垫，真不知道该怎么办，谁家餐桌会一次需要四个锅垫咧？

草莓蛋糕

肚子饿了吗？来块草莓蛋糕吧！从小就不是特别喜欢草莓口味的蛋糕，一直觉得一般般而已，本以为草莓是属于女生的味道，没想到羊太家的大爷竟然特爱呢！自从被羊太家大爷感召后，渐渐地……不管任何东西都是选草莓味道的。你呢？是否也跟羊太一样爱上草莓了？

玉玫

湿毡和针毡不同的技法呈现浑然不同的效果，在艺术或设计的领域中自由发挥天马行空的创意。

1998 年毕业于美国萨凡纳艺术设计学院室内设计专业。虽然一直从事室内设计工作，但热爱手创，曾接触过很多创作材料，一次偶然的机会遇见了羊毛毡，羊毛细致的触感和色彩的丰富变化性，立刻让我感动。羊毛是一种很特别的材料，因制作时运用湿毡和针毡不同的技法，会呈现浑然不同的效果，在艺术或设计的领域中，创作者也可以自由发挥天马行空的创意。

你可以到这里与老师交流：
http://tw.myblog.yahoo.com/melissa_kao

椭圆包

风和日丽的海底花园中，可爱的热带鱼，悠游在澄蓝的珊瑚礁海域，是谁吓了它一跳，小鱼儿躲进了美丽的海葵家里。

使用湿毡技法：依造型剪出椭圆形的纸型，尺寸加大 17% 左右。将设计好的包体羊毛均分成两份。完成了双面羊毛铺整，再铺上粉红色和黄色的圆圈图案，覆盖网布，双面来回用手轻搓，羊毛毡化到 80%，剪出开口取出纸型，开始塑形，椭圆包的特点就是呈现饱满的圆弧，可以运用干毛巾加压塑形，最后缝上皮制提手和针毡的热带鱼吊饰。

围巾

夜晚了，天空渐渐暗下，神秘的黑笼罩在大地，万物俱寂。海边的浪却是不肯停歇，想要跟沙滩玩耍，一波又一波跳着浪花舞。

使用湿毡技法：依围巾的长度和宽度剪出尺寸加大约 15% 的长方形气泡纸纸型，为避免羊毛线无法和羊毛一起打结毡化，可在灰色羊毛线上铺上少许蓝色羊毛以加强固定。将气泡纸和羊毛一起卷起来，如同卷寿司一样卷成圆筒状，用双手按压滚动，围巾要柔软点，所以不要过度毡化，保持围巾的轻柔。

灯饰

珊瑚礁生物总是造型奇特又有趣，像要参加嘉年华会，穿着色彩绚烂的舞衣；在夜里将灯打开，羊毛灯罩里透着光，像透明的水中生物在海里漂浮。

使用湿毡技法：依造型剪出灯罩的纸型，羊毛毡化到 80%，剪出开口取出纸型，开始塑形，运用干毛巾加压塑形，塑造葫芦状的灯罩，最后加上灯座，就完成一个美丽的灯饰。

珊瑚海域系列：
垦丁海底珊瑚自然生态是台湾蕴藏的海底瑰宝。发现台湾之美，将造物之美融入作品的生命之中。

淑真

羊毛毡的色彩及触感让我对它一见钟情！

目前从事信息服务业，接触羊毛毡缘于工作压力过大，在一成不变又忙碌的工作生活中，偶然在诚品书店发现了色彩鲜活的羊毛毡，那色彩及触感让我对羊毛毡一见钟情，就这样一心投入羊毛毡的手作世界中，不仅从中获得工作以外的成就感，也重拾了生活的乐趣。

你可以到这里与老师交流：
http://tw.myblog.yahoo.com/c0406jane

秋

这个作品是 2008 年 9 月的师资培训班毕业作，向来喜欢大自然及旅行的我，决定把我的毕业作主题设为四季。四季中又特别偏爱秋天与冬天，因此这两款"秋"与"冬"的作品是毕业作"四季"中最先产出的作品。我个人非常爱到日本旅游及登山——"秋"就是发想自 2006 年及 2007 年到日本奥飞驒地区健行及登山旅途中所见之秋景。日本的秋景充满了丰富的艳丽色彩，鲜绿、金黄、姜黄、橘、红、紫，一片枫叶可以有至少三个色彩，这就是我的"秋"的发想及灵感来源。这个作品的特色是全球独一无二的配色，即便是我再做一个也做不出一模一样的色彩搭配。

多彩披肩围巾

这是 2008 年 12 月初的作品。所运用的技法是"随意湿毡法"，因为是随意，所以当初在设计时只设定了大约的长度、宽度以及对色彩的铺陈概念，另外确定的就是"不要是一个工工整整随处可买到的围巾样式"。喜欢多彩是因为上班的服装总是规规矩矩的深色套装，期望能够在上班服装中有个跳跃的色彩，好带给我一整天的好心情。另外那些特别制作的大大小小的洞，也可因为使用方法的不同，搭配出不同的效果。

冬

这个作品是延续"秋"的旅游发想，"冬"是 2003 年跟老公到加拿大东岸尼亚加拉大瀑布的冬景，雪白的地、灰灰的天，有点小小的蓝天及枯木，很冬天的感觉。喜欢冬的静，喜欢冬的无人，喜欢冬的萧瑟。除了把对冬的喜欢及感受运用在羊毛色的变化中，另外也用了我擅长的"绵纸撕画"及"粉彩绘画"的技法，如作画般放入这个作品中。（关于绵纸撕画及粉彩绘画可参考http://tw.myblog.yahoo.com/c0406jane）

爱可荷莉

许多没办法在平面画出或用手缝出的创意，都可以在羊毛毡中实现。

爱可荷莉在某软件公司做产品规划的工作，她很喜欢创作的成就感，从小就喜欢涂鸦或是做手工艺品。自从接触羊毛毡之后，一个在艺术方面的新世界就完全开启了，羊毛毡成为发挥爱可荷莉创意的最佳材料。画不出来的可以在羊毛毡中实现，手缝不出来的也可以在羊毛毡中实现。即使爱可荷莉有很忙的工作，但是每天都在盘算今天回到家之后，可以有多少时间做羊毛毡，爱可荷莉真的爱上羊毛毡了。

你可以到这里与老师交流：
http://gracefu.spaces.live.com/

大眼睛爬虫类系列

某次意外，买错一堆大眼睛，就把它拿来用在羊毛毡作品上。爱搞怪的爱可荷莉偏爱爬虫类动物，大眼睛的青蛙包、蜥蜴包、蛇的手提包于是就诞生了，提包走在路上也很吸引路人的目光。爱可荷莉的作品总是出人意料，羊毛毡也可以很搞怪很可爱。

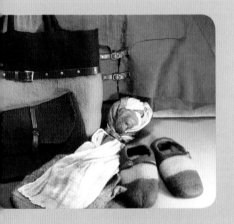

针毡中型包

这个中型包看起来不怎样，玄机是它是用针毡完成的，完全没有经过水洗。使用200g羊毛，针毡了三个晚上。还做过载重测试，装了1.7kg的笔记本式计算机，也不会变形。朋友们给爱可荷莉的意见都是："你疯了！但我们很佩服你。"

皮革结合系列

爱可荷莉平常穿得很中性，个性也很豪迈。这样的个性也完全表现在爱可荷莉的作品上。特别是师资班毕业的作品，简单的线条与皮革的结合，创造出羊毛毡不同的风格。一个大到像行李箱的包包，用一圈皮带围绕，使作品显得更加精致；有皮扣的披肩，凸显个性风格；精心设计的计算机包，皮带扣住整个计算机包，皮带与扣环完全被羊毛毡隔绝，防止计算机被刮伤，并具有保护作用；细致的丝巾与羊毛围巾结合，用中性的皮扣扣住特别有味道；鞋子上多了一圈皮革也更加可爱。

前面示范的室内鞋、向日葵时钟、招财猫扑满，如果缺少纸型可能一开始就会困难重重喔。赶快影印纸型，开始动工啰！

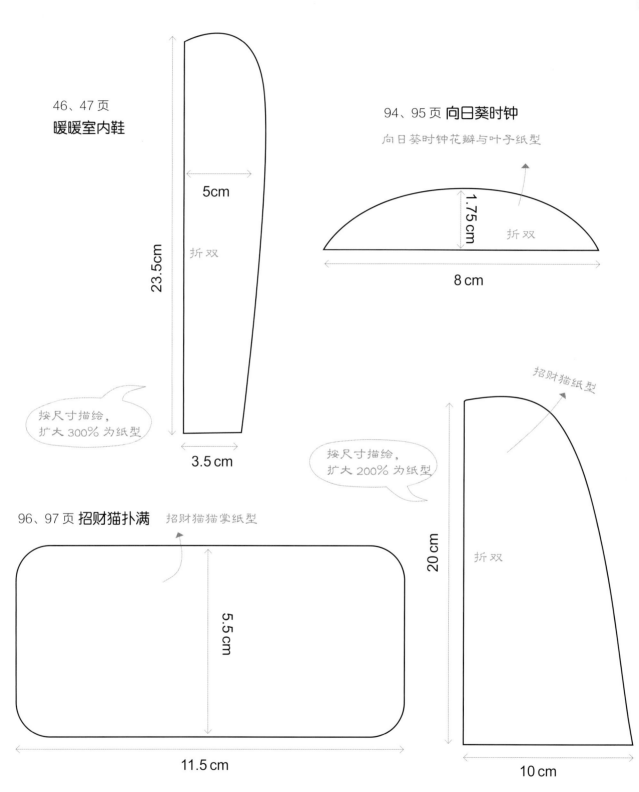

46、47 页
暖暖室内鞋

5cm

折双

23.5cm

按尺寸描绘，
扩大 300% 为纸型

3.5 cm

94、95 页 **向日葵时钟**

向日葵时钟花瓣与叶子纸型

1.75 cm

折双

8 cm

招财猫纸型

按尺寸描绘，
扩大 200% 为纸型

96、97 页 **招财猫扑满**　招财猫猫掌纸型

5.5 cm

11.5 cm

20 cm

折双

10 cm

※ 折双：先把纸对折，再将纸型画在纸上，剪下即成为完整纸型。

图书在版编目（CIP）数据

鲜玩创意羊毛毡：12位台湾名师给新手的入门挑战课/心鲜文化编.—郑州：河南科学技术出版社，2014.1

ISBN 978-7-5349-6808-2

Ⅰ.①鲜…　Ⅱ.①心…　Ⅲ.①毛毡-手工艺品-制作　Ⅳ.①TS973.5

中国版本图书馆CIP数据核字（2013）第296096号

出版发行：河南科学技术出版社
　　　　　地址：郑州市经五路66号　邮编：450002
　　　　　电话：（0371）65737028　65788633
　　　　　网址：www.hnstp.cn
策划编辑：李迎辉
责任编辑：李迎辉
责任校对：李淑华
封面设计：张　伟
责任印制：张艳芳
印　　刷：北京盛通印刷股份有限公司
经　　销：全国新华书店
幅面尺寸：190 mm×260 mm　印张：7.5　字数：160千字
版　　次：2014年1月第1版　2014年1月第1次印刷
定　　价：32.00元

如发现印、装质量问题，影响阅读，请与出版社联系并调换。